맛있는 음식에는 과학이 있다

Amazing Science in Delicious Foods

이준 · 윤정한 · 이기원 공저

光 文 閣
www.kwangmoonkag.co.kr

 과학기술정보통신부
Ministry of Science and ICT   한국과학창의재단
Korea Foundation for the Advancement of Science & Creativity   복권위원회

이 도서는 2017년도 정부(과학기술진흥기금/복권기금)의 재원으로 한국과학창의재단의 지원을 받아 수행된 성과물입니다.

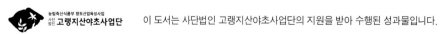 농림축산식품부 향토산업육성사업
사단법인 고랭지산야초사업단   이 도서는 사단법인 고랭지산야초사업단의 지원을 받아 수행된 성과물입니다.

사람들은 새로운 별을 발견했을 때보다 새로운 음식을 발견했을 때 더 큰 행복감을 느낀다고 합니다. 그만큼 음식을 마주하는 것은 누구에게나 중요하고도 특별한 일입니다. 또한, 사람들은 맛있는 음식에 대해 이야기하며 즐거워합니다. 많은 사람이 음식에 대해 자신감을 갖는 반면, 과학에 대해서는 어렵고 자신 없어 합니다. 그러다 보니 점차 과학은 본인과 관련이 없는 내용이라 여기며, 과학과 점차 멀어지기도 합니다.

사람들이 좋아하고 익숙한 '음식'을 통해 '과학'을 이야기한다면, 사람들이 과학에 대해 좀 더 가까워질 수 있지 않을까 하는 기대와 함께 책을 쓰게 되었습니다. 본 책에서는 초콜릿, 아이스크림, 요거트, 치즈, 맥주, 탄산수와 탄산음료, 차, 커피의 총 여덟 가지의 음식을 다양한 관점에서 다뤄 보았습니다. 이 여덟 가지 음식은 모두 우리 생활에서 매우 친숙하고, 많은 사람에게 사랑받는 음식입니다. 또, 음식을 먹어온 역사가 길다는 점도 공통적입니다.

초콜릿, 아이스크림, 커피 등 너무나도 일상적이고 친숙한 대상이라 '과학'이라는 단어가 잘 연상되지는 않지만, 이러한 음식이 만들어지기 위해서는 수많은 과정이 필요하고, 그 안에 다양하고 경이로운 내용이 담겨 있다는 것이 잘 느껴졌으면 하는 바람이 있습니다. 동시에 하나의 음식이 처음 만들어진 형태부터 지금의 모습으로 발전해 오기까지는 많은 과학자의 노력이 있었다는 점에 대해서도 깊이 생각해 주기를 기대해 봅니다. 예를 들어 초콜릿이 만들어지기까지는 카카오나무를 재배하고, 열매를 채취하고, 발효시키고, 열매를 분쇄하고, 로스팅하고, 원료를 배합하는 등 일련의 과정이 필요합니다. 이 과정에서 이루 헤아릴 수 없을 만큼 많은 인력이 투입됩니다. 또한, 더 좋은 품질의 초콜릿을 생산하기 위한 연구가 끊임없이 진행되고 있습니다.

깊이 있는 내용보다는 쉽고 편하게 읽을 수 있는 내용을 위주로 담았으며, 책을 읽으며 일상 속의 음식들을 새로운 마음으로 바라봄으로써 독자들이 과학과 한층 더 가까워질 수 있는 기회가 되었으면 합니다. 책을 쓰는데 도움을 주신 모든 분들께 감사의 말씀을 전합니다. 끝으로 책을 출판해 주신 광문각 박정태 회장님과 임직원 여러분께도 고마움을 전합니다.

Chapter

01

초콜릿

초콜릿

1. 초콜릿은 언제부터?

기원전 1500~400년, 중앙아메리카 대륙에 최초로 올멕족이 문명을 이룩했다. 이들은 카카오 가루를 물에 섞은 후, 각종 향료나 허브 등을 첨가해 음료로 마셨다고 전해지는데, 이것이 초콜릿의 기원이라는 설이 있다. 지금의 멕시코에 해당하는 적도 부근의 기후는 카카오를 재배하기에 최적의 조건이었고, 마야 문명과 아즈텍 문명으로 이어지는 동안 카카오의 재배 방식은 더욱 발전했다.

마야인들은 서기 600년경부터 카카오 열매를 볶은 후 갈아 음료로 만들어 마셨다. 이들은 또 카카오 열매를 화폐로도 이용했는데, 카카오 열매 네 개는 호박 한 덩어리, 열 개는 토끼 한 마리, 100개는 노예 한 명의 값어치를 했다고 한다. 보유하고 있는 카카오의 양은 신분을 나타내는 기준이 되었으며, 따라서 대부분의 카카오는 왕이나 귀족들의 차지였다. 마야 유적지에서 출토된 항아리에는 카카오나무에 옥수수 신의 머리가 매달려 있는 그림이 있는데, 이는 초콜릿이 주식인 옥수수만큼이나 귀하게 여겨졌음을 보여 준다.

아즈텍인들 역시 카카오 열매를 음료로 만들어 마셨다. 아즈텍인들은 그들의 신, 퀘찰코틀(농업을 관장하는 신)이 카카오나무를 물려 주었다는 전설 때문에, 카카오 열매를 특히 귀중하게 여겼다. 그들은 먼 옛날 퀘찰코틀 신들이 왕에게 쫓겨났으나 언젠가는 다시 돌아올 거라고 믿고, 종교의식에도 이 열매를 사용했다. 이후 카카오의 최음 효과와 피로 해소 효과가 알려지면서 아즈텍인들 사이에 카카오의 인기는 더욱 커졌다. 아즈텍 제국의 몬테수마 황제는 '초콜릿에 빠지다(Crazy about chocolate)'라는 수식어가 붙을 정도로 많은 양의 카카오를 가지고 있었으며, 기록에 따르면 초콜릿 음료를 원기를 돋우는 사랑의 묘약이라고 믿어 하렘(Harem)에 들어가기 전에 초콜릿 음료를 마셨다고도 한다. 이렇듯 고대 사회에서 카카오는 고귀하고 값진 물건이었고, 신들의 음식이라는 뜻의 Theobroma cacao라는 이름이 붙여졌다.

카카오를 유럽에 처음 들여온 건 콜럼버스다. 1502년에 콜럼버스는 아메리카 대륙을 4번째로 항해하던 중 유카탄반도 연안의 카카오를 포함한 여러 종의 농산물을 스페인으로 가지고 들어왔다. 당시 인디언 추장으로부터 카카오를 선물 받은 콜럼버스는 그 귀한 선물의 가치를 알지 못했다. 이로부터 약 17년 후인 1519년, 스페인의 에르난도 코르테스가 아즈텍을 점령했다. 1519년 스페인 정복자 돈 코르테스가 아즈텍에 도착하자, 사람들은 드디어 전설의 퀘찰코틀이 돌아왔다며 그를 대대적으로 환영했다. 코르테스는 몬테수마 황제가 왕좌에 앉아 황금 잔에 담긴 초콜릿을 마시는 광경을 목격했다. 아즈텍인들은 그에게도 초콜릿 음료를 권했는데, 코르테스는 난생 처음 맛보는 초콜릿 음료 맛에 매료되었다.

이후 아즈텍 문명을 멸망시킨 코르테스는 1520년대에 아즈텍 문명의 여러 보물과 함께 초콜릿을 유럽에 최초로 소개했다. 스페인 가톨릭 교회와 귀족들은 초콜릿의 가치를 알아보고, 약 100년 동안 초콜릿의 발견에 대해 다른 나라에 누설하지 않았다. 대신 적도 근처 식민지 국가인 멕시코, 에콰도르, 페루, 도미니카공화국 등에 카카오 농장을 설립하여, 오로지 자국민들을 위한 새로운 음료를 개발하기에 몰두했다. 17세기에 들어서야 초콜릿은 서서히 이탈리아, 프랑스 등 다른 유럽 국가로 퍼져 나가게 되었다.

상업적으로 보급이 성공하게 된 카카오는 설탕, 커피에 이어 세계 제3대 무역 상품이 되었다. 1657년에는 영국 최초로 런던에 초콜릿 하우스가 생겨, 상류층의 모임 장소로 인기를 끌었다. 초기에는 일부 상류층 귀족들만 초콜릿을 즐길 수 있었으나, 카카오의 가격이 점차 하락하면서 영국 전역으로 초콜릿이 보급되었다. 당시 영국 제빵사들이 케이크 반죽에 코코아를 넣어 만들면서 고체 형태의 초콜릿이 처음 등장했다. 이후 초콜릿바, 판 초콜릿 등 다양한 형태의 초콜릿들이 유럽 전역으로 퍼져 인기를 얻게 되었다.

우리나라에서는 언제부터 초콜릿을 먹기 시작했을까?

초콜릿이 한국에 도입된 시기에 대해 여러 가지 추측이 있지만, 대체로 1930년대 전후로 본다. 당시 기사나 서적에서 초콜릿이 언급된 것이 다수 발견되었기 때문이다. 초창기 서양의 음식으로 받아들여져 사치품으로써의 인식이 강했다. 그러나 1960년대, 6·25전쟁 종결 뒤에 한국에 남아있던 미군들의 보급품인 초콜릿이 일반인들에게 유통되면서 점차 인지도와 수요가 높아졌다. 1967년 해태제과의 '나하나' 초콜릿을 시작으로 동양제과(오리온)와 롯데제과에서 자체 생산 초콜릿을 출시하면서 국내 초콜릿 시장이 점차 확대되었다.

2. 초콜릿의 출발점, 카카오나무

카카오나무는 적도의 남북 20도 이내, 연강우량 1,300mm 이상의 고습 지대에 자란다. 후덥지근한 기후에 부분적으로 그늘이 있어야 잘 자라기 때문에, 임업인들은 카카오나무 주변에 키가 큰 바나나나무나 코코넛나무를 함께 심어 그늘을 만들어 준다. 현재 전 세계에 공급되는 카카오의 절반 이상을 동아프리카에서 재배한다. 코트디부아르와 가나가 1, 2위를 다투고 있고, 인도네시아가 그 뒤를 잇는 세계 3위 카카오 수출국이다.

3. 초콜릿이 만들어지기까지 얼마나 많은 사람이?

카카오나무는 약 7～12m까지 자라는데, 카카오나무의 잎은 넓적하고, 꽃은 작고 섬세하다. 꽃에서 약 30cm 정도 되는 럭비공 모양의 단단한 열매가 맺히는데, 덜 성숙한 열매는 노란색, 보란색을 띤다. 열매는 5～6개월 정도 지나면 완전히 성숙하고, 붉은색을 띤다. 카카오나무는 일단 성장하고 나면 1년 내내 열매를 맺어, 한 나무에서 꽃과 열매가 함께 열린다는 것이 특징이다. 열매의 껍데기가 두꺼운 탓에 각종 포유류나 새, 곤충이 매개가 되어 씨앗을 퍼뜨린다. 한 열매에 20～50개의 씨가 들어 있는데, 이것이 바로 초콜릿의 원료인 카카오콩이다.

초콜릿의 제조 과정

❶ 채취

초콜릿을 만들기 위한 첫 번째 단계는 카카오 열매를 채취하는 것이다. 카카오나무는 나무 기둥이 매우 연약하고 높아 나무 위로 올라가 열매를 딸 수 없다. 대신 임업인 들은 손잡이가 달린 칼을 이용해서 열매를 딴다.

❷ 발효

갓 수확한 카카오콩은 쓰고 떫다. 커다란 바나나 잎이나 야자수 잎 사이에 갓 수확한 카카오콩을 넣고, 약 1주일 동안 계속 뒤집어주는데, 이 과정을 통해 발효가 되면서 쓴맛이 줄어든다.

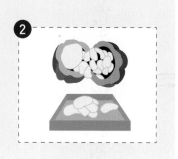

❸ 건조

발효 후에는 카카오콩을 건조한다. 기계식 건
조기를 사용하기도 하지만, 최상의 품질을 유
지하기 위해서는 자연 상태에서 건조하는 것이
좋다고 한다. 카카오콩을 나무 매트에 넓게 깐
후, 따뜻한 햇볕아래 두면 건조가 된다.

❹ 볶음(로스팅)

충분히 말린 카카오콩은 커다란 오븐에 넣고
익힌다.

❺ 분쇄

카카오콩이 다 구워지면 껍질을 떼어 내고 난
뒤 작은 조각으로 빻는다. 이렇게 잘게 부서진
형태를 카카오닙스라고 한다. 카카오닙스는
최근 건강에 여러 효능이 있다고 알려지면서
그 자체로 먹기도 한다. 이후에는 고온, 고압
상태에서 빻은 가루를 압착한다. 이렇게
강하게 압착하면 가루에서 코코아 버터와
초콜릿 원액이 흘러나온다. 코코아 버터는

투명한 지방이므로 가벼워서 위로 뜨고, 검고 향기로운 초콜릿 원액은
상대적으로 무거워 밑으로 가라앉게 된다. 코코아 버터와 초콜릿 원액을 다 짠
후에 남은 찌꺼기는 더욱 곱게 갈아만든 것이 코코아 가루다.

❻ 배합

코코아 버터와 초콜릿 원액은 초콜릿의 가장 중요한 재료이다. 코코아 버터는 초콜릿이 입안에서 부드럽게 녹게 하는 역할을 한다. 초콜릿 원액은 향긋하고 진한 맛을 내지만, 그냥 먹기에는 너무 쓰기 때문에 설탕을 첨가한다. 이때 화학 물질을 첨가하면 카카오의 산성도가 떨어지고 알칼리화된다. 이 과정을 거친 후 초콜릿은 더욱 부드러워지고, 색은 더욱 검어진다. 다크 초콜릿의 기본 재료는 코코아

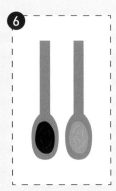

버터, 초콜릿 원액, 설탕이다. 여기에 카카오콩으로 만든 레시틴을 조금 넣어준다. 레시틴은 코코아버터와 초콜릿 원액을 잘 섞어주는 유화제다. 유화제는 물과 기름처럼 재료의 밀도가 서로 달라서 잘 섞이지 않는 물질들을 적절하게 섞이게 만드는 역할을 한다.

❼ 콘칭

이렇게 하나의 덩어리로 혼합된 재료는 콘칭이라는 과정을 거친다. 콘치라는 기계에서 롤러로 부수고 혼합된 재료를 골고루 섞어 주는 것이다. 콘칭 후에는 혼합물이 한층 부드러워진다. 초콜릿 제조업자들은 사용하는 카카오콩의 종류, 카카오 원액과 코코아 버터의 비율, 콘칭 시간 등에 자신만의

차별화된 비법을 가지고 있다. 이렇듯 카카오나무를 재배하는 사람부터 최종적으로 배합비를 설정해 초콜릿을 제조하는 사람까지, 초콜릿이 만들어지기까지는 수많은 사람이 필요하다.

우리가 먹는 초콜릿을 만드는 데는
카카오콩이 얼마나 사용되는 것일까?

초콜릿에 각 원료의 양은 제품의 표기 사항을 보고 알 수 있다. 다크 초콜릿 100g 중에서 카카오 함류량이 70%이면, 70% 정도가 카카오라는 뜻이다. 카카오 매스와 코코아 버터, 그리고 코코아 분말이 각각 얼마씩 들어 있느냐에 따라서 다르겠지만 카카오 매스를 기준으로 추정해 보면 카카오콩에서 버려지는 껍질과 공정 중 손실 등을 고려하면 카카오콩 하나에서 사용할 수 있는 양은 개당 0.8g정도이다. 즉 카카오 함량이 70%인 100g의 초콜릿을 만들기 위해서는 약 88개의 카카오콩이 필요한 것이다.

화이트 초콜릿은 진짜 초콜릿이 아니다?

화이트 초콜릿을 처음 만든 곳은, 1930년대 스위스의 식품회사 네슬레다. 네슬레는 우유를 뜻하는 그리스어 'gala'의 이름을 따서, 'Galak'이라는 이름의 초콜릿을 개발했다. 이후 1940년대 미국에 화이트 초콜릿이 소개되었고, 약 40년 후인 1980년대부터 화이트 초콜릿은 대중적인 인기를 끌었다.

하지만 흥미로운 점은, 미 식품의약국 FDA는 화이트 초콜릿을 '초콜릿'으로 규정하 지 않는다는 것이다. 화이트 초콜릿에는 초콜릿 원액이 들어가지 않기 때문이다. 대신 코코아 버터, 설탕, 우유, 바닐라로 만들어져 초콜릿 특유의 쓴맛이 없고 단맛이 강하다. 코코아 원액이 들어가진 않았지만 특유의 단맛으로 대중들에게 사랑받지만, 전문가들 사이에는 화이트 초콜릿을 '초콜릿'이라고 부를 수 있는지에 대해 아직도 의견이 분분하다.

4. 고대 문명과 액체 크로마토그래피

남아메리카의 작은 나라 밸리즈는 기원전 600년에서 기원후 250년 사이에 고대 문명이 번성한 지역이다. 미국 텍사스대학의 고고학자들은 우연히 밸리즈의 고대 무덤을 발견했다. 무덤에서는 미라와 여러 유물들이 나왔는데, 특이하게도 미라 옆에 항아리가 놓여 있었다. 항아리를 발견한 고고학자들은 항아리 안에 무엇이 들어있는지 궁금했고, 항아리 안에 남아 있는 성분을 분석해 고대 문명의 풍습과 기술에 대한 새로운 사실을 알아낼 수 있을 것이라고 생각했다.

고고학자들은 허쉬사(社)의 식품화학자들과 팀을 이루어 무덤 속 항아리에 들어 있는 물질을 분석했다. 허쉬사의 제프리 허스트 박사는 항아리 속의 물질에서 테오브로민의 존재 여부를 집중적으로 조사하기 시작했다. 테오브로민은 카카오의 대표적인 물질로, 이를 함유하고 있는 식물은 매우 드물기 때문이다. 학자들은 항아리 속에 남은 물질이 테오브로민이라면, 항아리 속에 있었던 것은 곧 카카오일 것이라는 추측으로 조사를 시작했다.

500여 종이 넘는 화학 혼합물이 들어있는 초콜릿에서 테오브

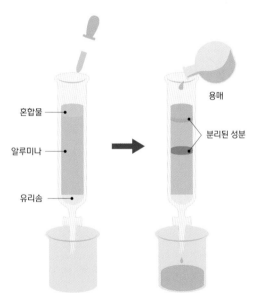

혼합물

알루미나

유리솜

용매

분리된 성분

[그림 1-1] 액체 크로마토그래피

로민 성분을 검출해 낼 수 있었던 것은 고성능 액체 크로마토그래피 시스템(high performance liquid chromatography) 덕분이었다. 고속 액체 크로마토그래피(HPLC)는 이동상의 액체를 고압으로 주입해서 미량의 물질을 분

리·정제할 때 사용하는 장치다. 고압에 견뎌 낼 수 있는 칼럼에 균일한 크기의 대단히 미세한 구형 입자를 충전한 후 송액 펌프를 사용하여 고속으로 용액을 유출시켜 시행하는, 시료 분석을 하는 정량 분석법의 일종으로 시료 도입 장치, 검출기, 기록 장치 등과 조합하여 사용하며, 고도의 분리능과 단시간 내에 분석이 가능하다는 장점이 있다.

5. 두근두근 테오브로민

초콜릿의 주성분인 테오브로민(theobromine)은 카페인과 비슷한 흥분성 물질로, 중추신경계를 자극하는 효과가 있어서 혈액 흐름과 신장 기능, 호흡계를 자극한다. 따라서 심장박동 수를 증가시키며 이뇨 작용을 촉진시키는 효과도 있다. 그러나 강도가 매우 약하기 때문에, 노인이나 어린이가 먹어도 큰 무리가 없다. 또 최근 연구결과에 따르면 테오브로민은 기존의 감기 치료제인 코데인(codeine)보다 감기 예방 효과가 더 크며, 기존의 감기 치료제와는 달리 졸음 같은 부작용을 유발하지 않는다고 한다. 이 외에는 대뇌피질을 부드럽게 자극해서 사고력을 높여주고 강심 작용, 근육 완화 작용 등 뛰어난 약리 작용을 가지고 있다고 한다.

6. 기분 좋은 떨림, 페닐에틸아민

페닐에틸아민은 중추신경을 자극하는 각성제 암페타민과 비슷한 물질로 도파민을 분비시키킨다. 초콜릿을 먹으면 페닐에틸아민 덕분에 마치 사랑에 빠졌을 때의 느낌이 된다고 해서, 초콜릿을 사랑의 묘약이라고 부르기도 한다. 실제로 사람이 성적으로 흥분하면 뇌에서 페닐에틸아민을 분비한다. 페닐에틸아민은 사람이 긴장감을 느끼게 해주며, 도파민을 방출하는 방아쇠 역할도 하여 기분 좋은 상태를 만들어준다. 보통 100g의 초콜릿 속에 약 50~

100mg 정도의 페닐에틸아민이 포함되어 있지만, 초콜릿에 포함된 페닐에틸아민이 몸에 흡수되어 뇌에 도달하는 것은 거의 불가능하다. 우리가 섭취하는 화학 물질들이 분자 구조를 유지한 채 뇌로 흡수되기는 매우 어렵기 때문이다. 흔치 않지만 초콜릿을 너무 많이 먹어 편두통이 오는 경우, 과량의 페닐에틸아민이 작용해 뇌혈관을 수축시켜 나타나는 현상이라고 한다.

7. 질 좋은 초콜릿을 만들기 위한 템퍼링

템퍼링(적온 처리법)이란 초콜릿에 들어 있는 카카오 버터를 안정적인 베타 결정으로 굳히는 작업을 말한다. 초콜릿을 만들 때 들어가는 카카오 버터는 다양한 형태의 결정 구조를 취한다. 즉 액체 상태의 지방이 굳으면서 어떤 모양으로 배열되느냐에 따라 결정의 모형이 형성된다. 그중 녹는점이 17℃인 감마 결정, 녹는점이 21~24℃인 알파 결정, 녹는점이 25~29℃인 베타 프라임 결정, 녹는점이 34~35℃인 베타 결정 등이 있다. 그런데 녹는점이 낮은 감마, 알파, 베타 프라임 결정은 불안정한 구조이며, 가장 안정적인 구조가 베타 결정이다. 즉 템퍼링은 유지를 안정적으로 결정화시키기 위한 공정으로 유지가 빠르게 정확한 형태로 굳도록 돕는 역할을 한다.

안정적인 베타 결정을 만들기 위해서는, 먼저 초콜릿을 50℃ 정도로 녹여 모든 지방 결정을 녹인다. 그다음 베타 결정과 베타 프라임 결정의 녹는점 중간인 31~33℃까지 온도를 낮춘다. 이 온도에서는 불안정한 결정은 모두 녹아 있는 상태이며, 베타 결정은 녹지 않고 남아 있게 된다. 여기서 천천히 온도를 조금만 높이면 베타 결정이 사슬처럼 정렬된다. 이 상태에서 초콜릿을 틀에 붓거나 모양을 만들면 보기에도 좋고 오래 보관할 수 있는 초콜릿을 만들 수 있다.

템퍼링 상태에 따라 초콜릿의 물성이 크게 달라지고 품질도 차이가 나게 된다. 액체 상태인 초콜릿을 급속하게 냉각시키거나 판형 초콜릿을 대충 녹

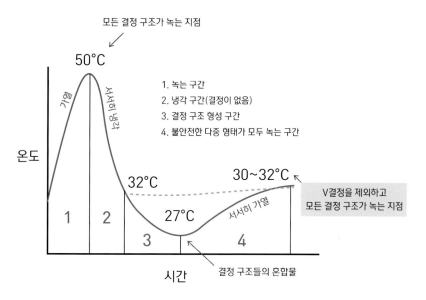

모든 결정 구조가 녹는 지점

50°C

가열

서서히 냉각

1. 녹는 구간
2. 냉각 구간(결정이 없음)
3. 결정 구조 형성 구간
4. 불안전한 다중 형태가 모두 녹는 구간

온도

32°C

30~32°C

V결정을 제외하고
모든 결정 구조가 녹는 지점

27°C

1   2   3   서서히 가열   4

시간

결정 구조들의 혼합물

[그림 1-2] 초콜릿 템퍼링

여서 틀에 붓거나 모양을 만들면 불안정한 결정들이 생겨 녹는점이 낮아지기 때문에 초콜릿이 쉽게 녹아 버려 보관하는 데에 어려움이 따른다. 게다가 초콜릿에 윤기가 나지 않고 보기 싫은 얼룩이 생겨 외관상으로도 좋지 않다.

카카오콩 껍질로 전기를 생산한다?

카카오콩 껍질은 전력 생산에 활용되기도 한다. 현재 미국 뉴햄프셔주에서는 카카오콩 껍질을 석탄에 일부 섞어서 연료로 사용할 수 있도록 허용해 전력을 생산하는 데 사용하고 있다. 또한, 이를 위해 초콜릿 회사인 미국의 린트사와 카카오콩의 껍질 공급 협력이 이루어졌다. 카카오콩의 가공에 있어서 부산물로 나오는 껍질을 환경 오염을 줄이는 바이오 연료로 사용하고 있는 것이다. 바이오연료의 연소는 화석 연료의 연소를 통해 배출된 이산화탄소 배출량을 줄여 준다. 전기를 생산하는 데 사용되는 카카오콩 껍질 1톤당 1톤의 석탄을 태우는 필요성을 대체할 수 있다고 한다.

초콜릿이라는 용어의 유래에 대해서는 여러 가지 의견이 있다. 가장 지배적인 의견
은, 고대 아즈텍 언어인 나와틀어(Nahuatl)의 시거나 쓴 것을 의미하는 xococ과 물
또는 음료를 의미하는 atl의 합성어 xocolatl에서 왔다는 것이다. 또 다른 언어학자는
뜨겁다는 의미의 마야어 chokol과 물을 의미하는 나와틀어 atl의 합성어에서 유래를
찾았다.

8. 초콜릿처럼 달콤한 세상을 꿈꾼 밀튼 허쉬

트위즐러, 킷캣, 허쉬스 키스 등 80여 가지 초콜릿 브랜드를 보유한 미국
최대의 초콜릿 캔디 제조회사 허쉬(The Hershey Company)가 위치한 미국
동부 펜실베니아주의 소도시 허쉬에는 늘 달콤한 냄새가 감돈다. 150여 년의
긴 역사를 지닌 허쉬사는, 1년에 약 5억kg의 초콜릿을 생산해 세계 90여 국
가에 수출한다.

허쉬의 창업자, 밀튼 허쉬는 1857년 펜실베이니아주에서 태어났다. 허쉬
의 아버지는 여러 차례 직장을 옮겨 다녔고, 허쉬가 10세 무렵 부모님은 이혼
을 했다. 생활고에 시달리던 밀튼 허쉬는 12세 때 학교를 그만둔 후, 독일어
신문사에서 심부름을 하게 되었다. 그러던 어느 날 모자를 기계 속에 떨어뜨
리는 사고를 내자 신문사에서 쫓겨났다. 그 후 허쉬는 작은 도시에 있는 캔
디와 아이스크림 가게에서 일을 하게 되었다. 당시 미국의 캔디 회사에서는
카카오를 원료로 하는 짙은 갈색의 초콜릿을 다른 캔디의 껍질을 씌우는 재
료로만 사용을 했고, 그 당시 초콜릿은 지금과는 달리 쓴맛이 아주 강했다고
한다. 허쉬는 그곳에서 캔디 제조에 관해 많은 것을 배웠다.

이후 어머니와 주변인들은 허쉬에게 캔디 가게를 열어보라고 권유했고, 허
쉬는 18세 때 펜실베이니아주 수도인 필라델피아에서 가게를 열었지만 6년

[그림 1-3] 밀튼 허쉬 스쿨

만에 망하고 말았다. 이후 허쉬는 아버지가 일하던 서부의 콜로라도주로 이사했고, 그곳에서 캔디 회사에 취직을 했다. 그 회사에서 주로 캐러멜을 생산하였고, 허쉬는 캐러멜 제조 기술과 우유를 첨가하는 방법에 대해 배우게 되었다. 그 후 허쉬는 뉴욕과 시카고에서 또 한 번 캔디 가게를 열었지만, 여전히 실패를 하고 말았다.

빈손으로 귀향한 허쉬는 다시 한번 캔디회사를 열게 되었다. 그리고 자신만의 방법으로 캐러멜을 만들시 시작했다. 그동안의 경험을 살려 신선한 우유를 사용하고, 좀 더 부드러우면서도 덜 끈적거리는 캐러멜을 만들게 되었다. 그러던 어느 날 영국인 수입업자가 밀튼의 캐러멜을 맛보더니 많은 양을 주문했다. 그 후로 허쉬의 캐러멜이 큰 인기를 끌기 시작했고, 머지않아 허쉬의 캐러멜 회사는 펜실베이니아주 최고의 사업체로 성장했다.

그러나 1893년 시카고에서 열린 세계박람회가 밀튼 허쉬의 삶을 바꾸어

놓게 되었다. 그 박람회에 독일에서 만든 초콜릿 기계에 영감을 얻었고, 허쉬는 그 기계를 구매했다. 허쉬는 그동안 운영하던 캐러멜 회사를 철수하고, 펜실페니아의 옥수수 농장 지대에 전혀 새로운 대규모 초콜릿 공장을 차렸다. 그리고 그 공장을 돌릴 수 있도록 시설과 인력이 함께 있는 조그마한 도시를 하나 새로 건설했다. 그렇게 만들어진 인공 도시가 바로 펜실베이니아주 허쉬이다.

허쉬는 자신의 돈을 투자해 마을의 건물, 주택들을 지었다. 그리고 초콜릿 공장의 직원들이 훗날 그 집을 소유할 수 있도록 해주었다. 그 당시 대부분의 공장 직원들이 사업주에게 세를 내면서 일을 해야 하는 상황이었기 때문이다. 밀튼 허쉬는 마흔이 넘은 나이에 늦은 결혼을 했으나, 아내는 건강이 좋지 않았고, 몇 년 후 죽음을 맞이하였다. 이후 허쉬는 부인의 유언을 따라 고아들을 위한 학교를 설립했다. 그래서 고아들을 위해 전액 무료인 학교를 세우고 이들이 안전하게 살 수 있는 주거지도 마련해 주었고, 이것이 바로 밀튼 허쉬 학교(Milton Hershey School)이다. 허쉬는 회사 주식 6,000만 달러 상당을 학교 재단에 기부했다.

훗날 이 학교는 종교와 성별을 막론하고 누구나 입학하는 학교로 발전했고, 집 없는 학생들을 위해 100여 채의 집까지 지어서 살게 해주었다. 그 후에는 펜실베이니아 주립대학의 의료센터도 건설했다. 현재 의료센터는 수준 높은 의과대학과 함께 직원 수가 5,000명이 넘는 대형 의료시설을 보유하고 있다. 1930년대 전 미국을 강타한 대공황 때도 허쉬의 기업은 탄탄한 기반으로 타격을 받지 않았고, 허쉬는 오히려 큰 호텔과 스포츠센터를 새로 건설하여 많은 일자리 창출에 기여했다.

밀튼 허쉬가 설립한 소도시 허쉬는 문화센터, 공연장, 캔디 제조 과정 견학, 놀이공원 등으로 유명 관광 도시가 되었다.

초콜릿은 '사랑의 묘약', '스트레스 해소제', '집중력 향상제' 등 여러 가지 긍정적인 효과가 널리 알려져 있으면서도 동시에 '충치 유발', '과도한 당 섭취' 등 부정적인 의미도 내포하고 있다. 흥미로운 점은, 초콜릿의 긍정적인 효과에 관한 것들은 카카오 자체에 담긴 화학 성분들에서부터 온다면, 초콜릿의 부정적인 효과에 관한 것들은 대부분 생산 과정에서 맛을 좋게 하기 위해 첨가된 설탕 때문이다. 최근에는 웰빙 트렌드에 맞춰, 건강에 우려가 되는 설탕을 넣지 않고 기능성 대체 당을 넣은 초콜릿이 등장했다. 기능성 대체 당을 넣음으로써 충치와 혈당에 대한 걱정을 완화시킨 것이다. 초콜릿 가공에서 오는 부산물로만 여겨졌던 카카오닙스의 효능이 알려지면서, 카카오닙스가 제품으로 등장하여 인기를 끈 것도 같은 맥락이다.

본 챕터에서는 초콜릿의 유래, 초콜릿을 생산하는 일련의 과정, 품질 향상을 위한 다양한 공정과 기술, 초콜릿에 담긴 다양한 화학적 성분, 초콜릿과 관련한 인물 등 초콜릿을 다양한 관점에서 바라보았다. 초콜릿은 남녀노소를 막론하고 많은 사람에게 사랑받는 음식이며, 이에 담긴 흥미로운 주제가 많다. 생활에서 쉽게 찾아볼 수 있는 친숙한 대상인 초콜릿을 통해, 대상의 이면에 담긴 과학적 의미를 찾아보고자 하는 호기심을 느낄 수 있는 계기가 되길 바란다.

아망드 쇼콜라 만들기　　　　> > > > > >

■ 재료

구운 통 아몬드 50g, 설탕 32g, 물 16g, 버터 8g, 다크 초콜릿 60g, 카카오 파우더 소량

■ 레시피

① 냄비에 물과 설탕을 넣고 설탕이 완전히 녹을 때까지 가열해준다.

② 설탕이 녹아 갈색빛을 띠기 시작하면, 통 아몬드를 넣고 저어주다가 캐러멜이 뭉칠 때 버터를 넣어 준다.

③ 냄비 안에 있는 아몬드가 뭉치지 않고 서로 떨어지면 실리콘패드에 부어준 뒤, 숟가락을 이용해 하나씩 떨어뜨려 준다.

④ 캐러멜 코팅이 입혀진 아몬드가 완전히 식으면 볼에 담아 준다.

⑤ 볼에 녹인 초콜릿을 소량을 넣고 완전히 굳을 때까지 주걱으로 저어 준다.

⑥ 5번 과정을 약 7~8회 반복해 준다.

⑦ 카카오 파우더를 넣어 섞어준 후 완성한다.

* Tip!

초콜릿을 녹일 때는 전자레인지를 이용하거나 물에 중탕시켜 주세요.

참고문헌

제프리 허스트 . 초콜릿 - 사이언싱 오디세이. 휘슬러, 2007.

오를라 라이언. 초콜릿 탐욕을 팝니다. 경계, 2011.

김종수. 카카오에서 초콜릿까지. 한울, 2015.

이식. "KISTI의 과학향기 칼럼." 신들의 음식에서 사랑 고백 선물까지
(terms.naver.com/entry.nhn?docId=3408866&cid=58413&categoryId=58413.)

과학향기 편집부, "KISTI의 과학향기 칼럼." 발렌타인데이, 사랑의 묘약을 전하세요, 2006
(terms.naver.com/entry.nhn?docId=3409876&cid=58413&categoryId=58413.)

김한송. "푸드스토리." 초콜릿 - 달콤한 유혹, 2011
(terms.naver.com/entry.nhn?docId=3571160&cid=58988&categoryId=58988.)

이영미. "열대에서 자라는 카카오나무." 잘먹고 잘사는 법 - 초콜릿, 김영사, 2007
(terms.naver.com/entry.nhn?docId=2028396&cid=42785&categoryId=42793.)

이영미. "템퍼링이란?" 잘먹고 잘사는 법 - 초콜릿, 김영사, 2007
(terms.naver.com/entry.nhn?docId=2028401&cid=42785&categoryId=42793.)

이영미. "허쉬가 대표하는 미국의 초콜릿 산업." 잘먹고 잘사는 법 - 초콜릿, 김영사, 2007
(terms.naver.com/entry.nhn?docId=2028455&cid=42785&categoryId=42793.)

Chapter

02

아이스크림

아이스크림

1. 아이스크림은 언제부터?

아이스크림의 시초는 우유가 들어가지 않은 차가운 음료로, 누가 아이스크림을 처음 먹었는지는 확실하지 않지만 전해오는 여러 가지 이야기가 있다. 고대 이집트 파라오는 은제 술잔에 눈을 담고 과즙을 끼얹어 손님에게 대접했다고 한다. 기원전 4세기경 마케도니아의 알렉산더 대왕은 알프스에 쌓여 있는 눈에 우유나 꿀 등을 섞어 먹었다고 한다. 로마 제국의 네로 황제는 눈에 섞은 과육이 저절로 얼게 되는 현상을 우연히 발견한 후, 여름이면 산속에서 얼음을 가져다가 와인에 섞거나 꿀과 과일 등을 얹어 먹었다고 한다. 또 히포크라테스는 언 음식으로 환자들의 식욕을 돋해 주었다고 한다. 중국에서는 기원전 3000년경부터 눈이나 얼음에 과일이나 꿀 등을 첨가해 먹었다고 하며, 춘추전국시대에는 석빙고를 사용해 얼음이나 눈을 보관했다는 기록도 전해진다.

이를 활용하여 중국 당나라(618~907)에서 최초로 우유와 얼음을 혼합한 얼음 과자를 만들었다. 이후 1292년 마르코 폴로(Marco Polo, 1254~1324)가 중국 원나라로부터 언 우유의 배합법을 베네치아로 가지고 오면서 이 방법이 북부 이탈리아로 확산됐다. 뒤이어 16세기 초 얼음을 혼합하여 냉각, 냉동시키는 기술이 발전되면서 아이스크림의 맛이 개선되었지만, 비싼 가격

때문에 오로지 부유층만 즐길 수 있었다. 그리고 1533년 이탈리아 피렌체의 명가인 메디치가의 딸 까뜨리느가 프랑스의 왕 앙리 2세와 결혼하게 되면서 이탈리아의 아이스크림 제조법은 프랑스를 거쳐 유럽 전체로 전파되었고, 얼음에 설탕과 과일즙을 넣은 '샤베트(서벗)'가 개발되었다.

유럽을 통해 발전한 아이스크림은 점차 대중화되었다. 또한, 낸시 존슨의 '아이스크림 제조기' 발명과 볼티모어 낙농업자 제이컵 푸셀(Jacob Fussell)의 아이스크림 공장 설립을 통해 대량생산이 가능해졌다. 더 쉽고 빨라진 아이스크림 제조 과정을 적용하고, 갑자기 증가하는 아이스크림에 대한 수요를 충당하기 위해 얼음을 확보하는 것이 중요해지자, 추운 곳에서 얼음을 확보하여 영국 등에 판매하는 상인들도 등장했다. 이에 아이스크림은 전 계층이 즐길 수 있는 보편적인 디저트로 확실히 자리 잡았다.

19세기 이후 미국에도 산업화와 대규모 공장 신설로 아이스크림의 대량생산이 시작되었고, 미국 전역으로 아이스크림 전문점이 확산되었다. 1904년 미국 세인트루이스주에서 열린 만국박람회에서는 '콘 아이스크림'이 등장했다. 걸어다니면서 먹을 수 있는 먹거리가 필요한 관람객들을 위해 아이스크림과 와플을 결합한 것으로 다수의 제조업체에서 콘 아이스크림을 제조하여 판매하기 시작하며 큰 인기를 끌었다. 당시 미국인들은 아이스크림을 무척 좋아했고, 교회에서는 이 맛에 너무 깊이 빠지는 것을 막기 위해 한때는 아이스크림 섭취를 죄악시하기도 했다고 한다.

2. 다 같은 아이스크림이 아니라고?

각 국가별로 아이스크림이 확산되면서 자국민들의 취향, 날씨, 유통 구조 등을 적용한 여러 아이스크림 제품이 등장했다. 아이스크림의 발현지라고도 할 수 있는 이탈리아의 아이스크림 문화는 매우 다채롭다. 보통 '이탈리아의 아이스크림 = 젤라토'라고 생각하지만, 젤라토 이전에 그라니타(granita, 또는 granita siciliana)가 있다. 그라니타는 과일즙에 설탕을 섞어 얼리면서 포크로 잘게 부숴 만든 자잘한 얼음 결정이다.

그라니타는 시칠리아섬에서 비롯되어 이탈리아 전역으로 확산됐다. 시칠리아섬에서는 그라니타를 아침상에도 올릴 정도로 즐긴다. 시칠리아 특유의 맛은 내기 어렵겠지만 레몬즙, 물, 설탕을 잘 섞어 꾸준히 알갱이를 부수면서 얼리면 최소한의 재료로 최대한

[그림 2-1] 그라니타

그럴싸해 보이는 레몬 그라니타를 만들 수 있다. 그라니타는 아이스크림과 달리 서걱서걱하게 얼음 알갱이를 살리는 것이 매력이다. 그러기 위해서는 단단하게 얼려야 하므로, 유지방을 첨가하지 않은 과일 주스 등을 주원료로 사용한다.

젤라토는 이탈리아어로 '얼렸다'는 의미다. 젤라토는 특유의 낮은 오버런(overrun)으로 다른 아이스크림들과 구분된다. 오버런은 아이스크림을 부드럽게 만들기 위해 불어 넣는 공기의 비율이다. 대부분 아이스크림의 오버

[그림 2-2] 젤라토

런이 40~60% 사이라면 젤라토의 오버런은 20%, 따라서 훨씬 더 밀도가 높다. 이렇게 밀도가 높은 젤라토의 비밀은 가공 시간에 있다. 보통 아이스크림에 비해 훨씬 더 짧은 시간 동안 공기를 불어 넣으므로 밀도가 높을 수밖에 없는 것이다.

프랑스에서는 아이스크림을 얼음이라는 의미의 '글라세(Glace)'라고 부른

[그림 2-3] 글라세

다. 달걀 노른자로 걸쭉함을 불어 넣는 프렌치 스타일 아이스크림의 베이스는 사실 제과·제빵에서 두루 쓰이는 소스이다. '크림 앙글레즈(Crème Anglaise)'라고 부르는 이 소스는, 주재료인 달걀 노른자, 크림, 설탕의 비율을 조절해 걸쭉함의 정도에 변화를 줘 다양하게 쓰인다.

한편, 유제품을 전혀 더하지 않고 과일즙이나 설탕 등으로만 만든 베이스를 아이스크림처럼 저어 공기를 불어 넣으면서 얼렸을 경우 소르베(sorbet)라고 부른다. 오직 설탕 시럽과 과일 퓌레만을 넣은 것으로 보존이 어렵다. 이와 달리 셔벗(Sherbet)은 과일 주스나 퓌레에 당을 첨가해 얼린 것으로, 젤라틴

[그림 2-4] 소르베

이나 난백을 첨가해 부드러운 형태를 유지한다. 부피감을 주기 위해 설탕이 상당히 많이 들어가므로 칼로리는 아이스크림과 비슷하다.

인도를 비롯한 파키스탄, 방글라데시, 네팔 등의 남아시아 지역에는 '쿨피(Kulfi)'가 있다. 우유에 설탕과 다른 재료의 맛을 더해 천천히 졸이면 연유가 되는데, 이를 틀에 넣어 굳혀 만든다. 쿨피는 장시간 조리해 우유 특유의 캐러멜화한 맛이 특징이다. 인도에서는 전통적으로 '쿨피왈라(kulfiwallah)'라는 상인들이 쿨피를 파는데, 녹지 않도록 틀에 담은 쿨피를 '마트카(matka)'라는 자기에 넣고 얼음과 소금을 채워 넣고 다닌다.

3. 부드러운 맛의 비결은?

아이스크림이 부드러운 비결은 특별한 냉동 방식 덕분이다. 아이스크림 원액에서 설탕은 어는점을 낮춰 준다. 최대 1/5에 이르는 수분이 설탕 덕분에 최저 영하 18도에서도 얼지 않는다. 아이스크림 원액에 공기를 조금씩 넣으면서 유화제와 액체를 섞어 주는데, 잔여 수분과 공기가 아이스크림 조직을 느슨하게 엮어 줌으로써 부드럽게 만들어준다.

'아이스크림 원액 : 공기'의 비율은 아이스크림의 부드러움에 결정적인 역할을 하며, 그 비율을 '오버런(overrun)'이라고 한다. 즉 오버런이 100%면, 아이스크림 원액과 공기의 비율이 1:1이라는 의미다. 수치가 낮을수록 밀도가 높아 아이스크림이 진해지고, 높을수록 부드럽지만 그만큼 빨리 녹는다.

4. 냉동식품의 아버지, 클래런스 버즈아이(Clarence Birdseye)

1923년, 미국인 클래런스 버즈아이는 알래스카에 출장을 갔다 놀라운 광경을 목격했다. 에스키모들이 몇 달 전 잡은 생선이 갓 잡은 생선처럼 신선도를 유지하고 있는 것이었다. 에스키모들이 잡은 물고기를 얼린 바닷물에 넣자, 알래스카의 추운 기후 때문에 물고기들이 몇 초 안에 얼어 버린 것이다.

당시 미국 농무부의 생물 표본 수집 담당직원이었던 클래런스는 알래스카에서 목격한 물고기가 영하의 기온에서 순식간에 냉동됐기 때문에 세포 조직이 손상되지 않았다고 생각했다. 그리고 당시 상황을 재현하기 위해 아이스크림 공장 한구석을 빌려 연구실을 마련했다. 단돈 7달러를 투자해 장만한 선풍기와 소금물 통, 얼음 조각뿐이었지만, 그는 꾸준한 연구를 통해 1925년 급속 냉동기계를 발명해 냈다.

그의 초기 발명품은 크게 주목받지 못했지만, 그는 시간이 흐를수록 더욱 완벽한 시스템을 갖춰나갔다. 급속 냉동기계로 특허출원을 마친 후에도 연구를 계속해, 더 성능이 좋은 자동 냉동기계를 발명해 냈다. 또한, 기계를 홍보하기 위해 '제너럴 씨푸드사'를 설립하고 냉동 해산물을 판매하기 시작했다. 1927년부터는 냉동식품의 종류를 확대해 해산물뿐만 아니라 소고기, 돼지고기, 과일, 채소 등도 추가했다. 1929년에는 포스툼사가 제너럴 씨푸드사를 인수해 '제너럴 푸즈사'로 상호를 변경하고 냉동식품 브랜드 이름으로 '버즈아이'를 상표 등록했다. 버즈아이는 그의 냉동 기술과 관련된 모든 특허권을 제너럴 푸드사에 2,200만 달러에 팔고 다시 연구에 몰두했다.

그가 공개한 특허권 중 하나인 급속 냉동법은 단시간 내에 식품을 얼리는 것으로, 섭씨 영하 40도 이하의 저온이 사용된다. 식품을 급속 냉동시키면 세포나 식품 조직에 아주 작은 얼음 결정만 생성되기 때문에 세포나 조직이 파괴되거나 세포벽이 손상되지 않는다. 따라서 식품 조직이 거의 완전하게 유지되어 해동만 잘 하면 식품 본연의 맛을 느낄 수 있다. 버즈아이가 개발한 급속 냉동식품 덕분에 사람들은 각종 식재료들을 신선도를 유치한 채 계절과 관계없이 먹을 수 있게 되었고, 이는 '식탁의 혁명'이라 불리기도 한다.

5. 쫄깃쫄깃 돈두르마

돈두르마(dondurması)의 어원은 '얼리다'라는 의미의 터키어 '돈두르막 (dondurmak)'으로, 명사형 돈두르마는 '얼린 것'을 의미하며, 흔히 터키 아이스크림이라고 부른다. 돈두르마는 우유에 설탕, 살렙(salep, 야생란의 구근 가루), 유향 수지(mastic)를 넣어 만드는데, 살렙이 많이 나는 카흐라만마라쉬(Kahramanmaraş) 지역의 이름을 따 마라쉬 아이스크림이라고도 한다.

돈두르마의 기원은 정확히 밝혀져 있지는 않지만, 18세기 오스만 제국에서 음료로 마시던 살렙을 우연히 얼려 먹었던 것을 원형으로 보는 것이 일반적이다. 오스만 제국의 궁중에서는 살렙 음료를 따뜻하게 마셨다고 한다. 구전되는 이야기에 따르면 겨울날 어느 술탄(군주)이 마라쉬 출신의 한 고위 관료로부터 선물 받은 살렙을 받아 마시려고 만들어 두었다가 깜박 잊고 그대로 둔 것이 얼어 버렸다고 한다. 그런데 그 맛을 보니 따뜻하게 음료로 마실 때와는

[그림 2-5] 돈두르마

다른 매력이 있어 일부러 얼려 먹게 되었다고 한다.

돈두르마를 만들기 위해서는 우유를 끓여 멸균한 후 설탕을 넣고 다시 끓이다가 살렙과 유향 수지를 섞는다. 상온에 식힌 후에는 아이스크림을 만드는 기계에 넣고 섭씨 영하 6도를 유지한 채 6~8시간 동안 계속 저어가며 큰 얼음 덩어리가 생기지 않도록 얼린다. 전통적인 방법은 주위를 얼음과 소금으로 채운 원통에 재료를 붓고 쇠막대로 계속해서 저어 가며 얼리는 것이다. 얼면서 한 덩어리가 된 돈두르마는 점성과 탄성을 가지고 있어 갈쿠리에 걸어 거꾸로 매달아도 떨어지지 않고 붙은 채로 길게 늘어난다. 우유와 설탕을 기본으로 만든다는 점에서는 일반적인 아이스크림과 같지만, 살렙과 유향 수지가 들어가 특유의 향과 쫄깃한 식감, 잘 녹지 않는 특징을 가지게 된다.

살렙과 글루코만난

돈두르마에 쫀득쫀득한 식감을 주는 살렙은 주로 카흐라만마라쉬 주변에서 자생하 는 난초과(Orchidacea)의 뿌리 부분이다. 이 지역에서 대를 이어 살렙을 전문 채집 하는 사람들이 살렙의 공급을 책임지고 있다. 여름이면 이들은 작은 알감자 모양의 살렙을 채집한다. 채집한 살렙은 껍질을 벗겨 우유, 아이란(터키의 요구르트 음료) 또는 물에 넣고 삶아 건진 후, 줄에 꿰어 그늘에서 말렸다가 빻아 가루로 이용한다.

살렙의 주성분은 글루코만난(glucomannan)이다. 글루코만난은 살렙 질량의 절반 이상을 차지하는 점액질의 탄수화물로, 우유에 녹이면 글루코만난들이 모여 긴 체인(chain)을 형성해 물 분자의 움직임을 막아 주기 때문에 우유를 걸쭉하게 만드는 성질이 있다.

6. 아이스크림을 빨리 먹으면 머리가 아프다?

미국 하버드대 의과대학 호르헤 세라도르 박사 연구팀은 건강한 성인 13명을 대상으로 이를 알아보기 위해 한 가지 실험을 했다. 실험 방법은 빨대로 얼음물을 마시게 한 뒤, 미지근한 물을 마시게 하며, 동시에 초음파로 실험 참가자들의 뇌혈관 속 혈류 흐름을 관찰하는 것이다. 실험 결과, 피험자들이 차가운 물을 마시며 두통을 느낄 때는 전대뇌동맥 속 혈액의 양이 갑자기 증가했다. 이후 시간이 지날수록 혈액 양이 감소해 혈관이 수축하면서 두통이 사라졌다. 세라도르 박사는 급속한 혈관 팽창과 뒤이어 나타나는 혈관 수축 현상은 '뇌의 자기방어기제'라고 설명했다. 뇌는 온도에 매우 민감해서 차가움을 느끼는 순간, 뇌 내부 조직에 따뜻한 피를 많이 공급해 뇌를 따뜻하게 유지하려고 한다. 이때 뇌를 감싸고 있는 두개골이 갑작스러운 혈류 증가에 압력을 느껴 두통이 나타나는 것이다.

7. 아이스크림을 튀기면?

여름철 손에 쥐고만 있어도 금세 녹아 버리는 아이스크림이 팔팔 끓는 기름에 들어간다니, 어떻게 가능할까? 바로 기체층의 낮은 열전도율 덕분이다.

열전도는 접촉해 있는 두 물체 사이에서 열이 이동하는 것으로 고체, 액체, 기체에서 모두 일어난다. 그러나 단위시간당 전도될 수 있는 열에너지의 양을 의미하는 열전도율은 물체마다 매우 다르다. 구리, 철 등의 금속은 열전도율이 매우 높고, 액체나 기체는 열전도율이 낮다.

물질	열전도도(W/m.K)	물질	열전도도(W/m.K)
그래핀(Graphene)	4800 ~ 5300	콘크리트	1.7
다이아몬드	900 ~ 2300	유리	1.1
은	429	얼음	2.2
구리	400	석면	0.16
금	318	나무	0.04 ~ 0.4
알루미늄	237	물	0.6
철	80	알코올, 오일	0.1 ~ 0.2
납	35	공기	0.025
스테인리스 스틸	12 ~ 45	에어로젤	0.004 ~ 0.04

아이스크림에 묻히는 빵가루는 탄산수소나트륨을 포함하고 있는데, 열을 받으면 분해되어 이산화탄소를 생성한다. 이산화탄소는 기체층을 형성하여, 아이스크림과 튀김옷 사이에서 열이 이동하는 것을 막아 준다. 즉 기체층의 열전도율은 매우 낮기 때문에 아이스크림이 녹지 않고 튀겨질 수 있는 것이다.

아이스크림의 유래, 아이스크림의 다양한 제형과 종류, 오버런의 개념, 살렙으로 만드는 돈두르마, 냉동식품의 발전에 지대한 공헌을 한 인물, 차가운 음식을 빨리 먹으면 머리가 아픈 이유 등 아이스크림과 직접적으로 혹은 간접적으로 관련한 다양한 이야기들을 다루어 보았다.

최초의 아이스크림부터 현재의 아이스크림 형태를 갖추기까지는 오랜 기간과 과학 기술의 발전이 있었다. 또, 다같이 '아이스크림'이라고 통칭되지만, 엄밀히 따지면 '아이스크림', '젤라또', '소르벳', '셔빗' 등 조금씩 다른 제형과 재료에 따라 이러한 빙과류를 부르는 이름이 무척 다양하다. 이탈리아를 대표하는 '젤라또', 터키를 대표하는 '돈두르마'처럼 빙과 제품들은 각 지역의 취향, 날씨, 유통 구조에 맞춰 다양한 방식으로 발전되어 온 점이 흥미롭다. 역사가 길고 종류가 다양한 만큼 아이스크림은 본 책에서 다룬 내용 이외에도 탐구해 볼 수 있는 주제가 무척 다양하다. 본 책을 통해 아이스크림에 담긴 다양한 과학적 의미에 관심을 갖고, 나아가 음식의 이면에 호기심을 가질 수 있는 계기가 되길 바란다.

아이스크림 튀김 만들기

■ 재료

아이스크림 3개, 밀가루 50g(박력분 혹은 중력분), 달걀 1개, 빵가루 100g,
식용유 200ml

■ 레시피

① 아이스크림에 빵가루를 입혀준 뒤 냉
   동고에 넣어 2시간 정도 얼려 준다.
   (모양이 잡혀 있는 낱개 포장된 아이
   스크림을 이용하면 편리하다.)

② 빵가루를 묻힌 아이스크림을 꺼내
   밀가루 - 달걀 - 빵가루 순으로 옷을
   입혀 준다.

③ 냄비에 식용유를 부어 200도까지
   온도를 올려준 후, 아이스크림을 넣
   고 약 1분간 튀겨 준다. 이때 빵가
   루의 색을 보며 조금씩 온도를 조절
   해 준다. (오래 튀길 경우 열기가 안
   쪽으로 들어가 아이스크림이 녹을
   수 있으니 주의한다.)

④ 키친타월 위에 건져 기름을 뺀다.

요거트

요거트

요거트는 우유를 유산균을 이용하여 발효시킨 식품이다. 인류가 우유를 먹기 시작한 지 수천 년이 지나서 요거트를 섭취한 것으로 추측된다. 유산균에는 수많은 종류의 박테리아 균주가 있고, 발효에 사용된 박테리아에 따라 발효 우유의 특성이 달라진다.

[그림 3-1] 요거트

1. 유산균?

자연에는 수많은 균이 있으며, 체내에도 무수한 균이 존재한다. 다양한 균 중 인체에 유익한 영향을 주는 균이 있는 반면 유해한 균도 많다. 인체에 유익한 세균 중 하나인 유산균은 포도당, 유당과 같은 탄수화물을 분해하여 젖산이나 초산과 같은 유기산을 생성한다. 유산균이 당으로부터 젖산을 만드는 것을 발효라 하며, 이러한 과정을 통해 만들어진 식품을 발효식품이라고 한다. 유산균을 처음 이용하기 시작한 시기는 기원전 3000년경 동지중해 지역의 유목민으로 추정된다. 유목민들은 가축의 젖을 짜서 가죽 주머니에 넣고 다녔는데, 이것이 유산균에 의해 발효된 것이다.

과학적으로 유산균을 처음 발견한 사람은 프랑스의 미생물학자 루이 파스퇴르다. 파스퇴르는 1857년에 포도를 발효시켜 포도주를 만드는 과정에서 유산균을 발견하였으나 포도주를 시게 만드는 유해균으로만 생각했을 뿐 그 효용성을 알지 못했다. 이후 파스퇴르 연구소에서 일하던 티서(Tissier)는 1899년 모유를 먹고 자란 유아의 장내 세균을 분리하여 바실러스 비피더스(Bacillus bifidus)라고 이름을 붙였고, 그다음 해인 1900년에 오스트리아의 과학자인 모로(Moro)는 우유를 먹고 자란 유아의 장에서 또 다른 균을 분리하여 바실러스 애시도필러스(Bacillusacidophilus)라고 명명했다. 그러나 이때까지만 해도 유산균은 미생물을 연구하는 과정에서 발견된 하나의 부산물에 불과했다.

2. 유산균의 아버지, 메치니코프

유산균 발효유가 전 세계적으로 널리 보급된 것은 러시아 생물학차 메치니코프(Elie Metchinikoff) 덕분이다. 메치니코프 박사는 1900년대 초에 두 권의 대중서 『인간의 본성(The Nature of Man)』과 『생명의 연장(The Prolongation of Life)』을 통해 대부분의 질병은 장내 미생물의 부패 때문에 생긴다는 이론을 발표했다. 장내 소화되지 않은 음식물과 잔존하는 숙변 물질이 부패하면 독성을 일으켜 인간의 수명을 단축시키는 자가 중독 증상이 일어난다는 것이다. 그는 유산균 발효유를 마시는 불가리아 지방과 코카서스 지방에 장수 인구가 많다는 사실을 근거로 들며, 유산균 발효유의 섭취가 자가 중독 증상의 치유와 생명 연장에 도움이 된다고 주장했다. 그의 주장은 유산균의 이용에 관한 최초의 과학적 논문으로 큰 사회적 반향을 불러일으키기도 했다.

3. 요거트의 나라, 불가리아

불가리아는 발칸반도의 작은 나라로 비옥한 평야와 사계절이 뚜렷한 기후를 갖는 나라다. 불가리아인의 조상은 본래 아시아 평원을 누리던 기마민족이었으나 이 비옥한 땅에 정착하면서 농업국으로의 터전을 굳혔다. 양을 사육하는 목축업으로, 양젖을 이용한 유제품이 다양하게 발달했으며, 주변국인 그리스와 터키의 영향으로 육식과 채식이 어우러진 화려한 음식 문화가 특징이다.

장수 국가로 유명한 불가리아 사람들의 식탁에는 요거트가 빠지지 않는다. 불가리아에서 요거트는 매 식사에 나오는 주요 음료이며 샐러드와 수프를 비롯해 여러 요리에 쓰이는 중요한 식재료이기도 하다. 불가리아인들은 생후 3개월부터 평생 요거트를 먹는다고 한다. 불가리아 요거트에는 특히 '락토바실러스 불가리쿠스(lactobacillus bulgaricus)'라는 유산균이 있는 것이 특징이다. 요구르트를 비롯해 다양한 치즈 등 양을 이용한 유제품은 집에서 직접 만들어 먹는 전통을 간직하고 있다.

불가리아의 대표적인 음식 중 무사카(moussaka)는 감자, 토마토 등의 채소를 돼지고기나 양고기에 찐 다음 요거트를 넣는다. 또 요거트와 마늘 등의 향신료를 넣은 차가운 수프인 타라토르(tarator)가 유명하다.

4. 요거트에는 어떤 효능이?

요거트는 우유나 탈지유에 유산균을 넣어 발효시킨 것으로, 우유의 영양 이외에도 유산균으로부터 얻는 건강 증진 효과를 기대할 수 있다. 요거트에 들어 있는 유산균은 병원균이나 유해균의 발육과 번식을 막아 장을 깨끗하게 한다. 또한, 유산균에 의해 유당이 분해되기 때문에 우유를 먹으면 소화를 시키지 못하고 배탈이 나는 유당불내증 환자도 부담 없이 먹을 수 있다. 우유를 원재료로 사용해 만들기 때문에 칼슘의 좋은 급원이기도 하다.

요구르트는 장 내의 면역세포에 작용하여 위암이나 대장암 등 각종 암 발병을 저해한다는 사실도 알려져 있다. 이외에도 혈중 콜레스테롤 저하 작용과 혈압을 낮추는 작용을 한다. 게다가 풍부하게 함유된 망간이 칼슘 흡수를 도와 이와 뼈를 튼튼하게 하고, 골다공증의 예방과 개선에 도움을 준다.

유산균의 효능을 보려면 일반적으로 유산균을 50~100억 마리 정도 섭취해야 한다고 한다. 유산균 발효유에는 1ml당 보통 1억 마리가 들어 있어, 한 병(150ml)을 마시면 150억 마리의 유산균을 섭취하게 된다. 그러나 유산균이 위와 소장에서 소화되어 얼마나 대장까지 도달할 수 있는지에 대한 연구는 아직 부족하다.

5. 프리바이오틱스란?

프로바이오틱스가 장내 미생물을 의미한다면, 프리바이오틱스는 장내 미생물의 먹이가 되는 물질이다. 장내 미생물이 잘 자랄 수 있는 생육 환경을 만들어 주고, 활성을 촉진해 주는 역할을 하기 때문에 프로바이오틱스보다 프리바이오틱스의 섭취가 더 중요하다는 의견도 많다.

프리바이오틱스는 소화되지 않는 식품 성분으로, 식이섬유에 많이 포함되어 있다. 또한, 라피노오스, 대두올리고당, 프럭토올리고당, 갈락토올리고당 등의 올리고당류와 기타 락툴로오스(lactulose), 락티톨(lac- titol), 자일리톨(xylitol) 등도 프리바이오틱스이다.

6. 발효와 부패

우유를 상온에 장기간 방치하면, 심한 악취를 내며 부패한 우유를 발견할 수 있다. 그런데, 우유에 특정한 효소를 넣으면 요거트로 변한다. 두 가지 모두 미생물에 의한 분해가 일어나는 과정이다. 하지만 미생물의 분해 결과 우리 생활에 유용한 물질이 생성되는 경우 발효라 하고, 음식을 사용할 수 없게 되거나 유해한 물질이 생성될 경우 부패라고 한다. 즉 우유가 상하는 것이 부패이며, 요거트로 변하는 것은 발효다.

식품을 발효시키는 목적은 맛과 향, 그리고 식품의 저장성을 높이기 위함이다. 따라서 발효의 결과로 요거트, 김치, 치즈, 술과 같이 독특한 향미의 음식이 만들어진다. 그러나 음식물이 유해균에 의해 부패되면 악취가 난다. 흥미로운 것은 부패가 발효로 바뀌거나, 발효가 너무 많이 되면 부패가 될 수도 있다. 음식물 쓰레기에 미생물을 넣어 에너지로 사용할 수 있는 메탄가스를 만드는 일도 쓸모없던 부패가 쓸모 있는 발효로 바뀐 좋은 예다.

부패와 발효의 가장 큰 차이는, 부패를 일으키는 유해균은 자연 상태에서 거의 예외 없이 나타나지만, 발효균은 일반적으로 특정한 조건과 환경을 갖추었을 때에만 나타난다는 사실이다. 예를 들어 요리하려고 사온 배추를 오랫동안 그냥 방치해 두면 부패하여 썩지만, 그 배추를 소금에 절여 용기에 담아 적당한 온도를 맞춰 보관하면 발효균에 의해 맛있는 김치가 된다.

자주 이용되는 발효로는 알코올 발효와 젖산 발효가 있다. 알코올 발효는 효모가 포도당을 분해해서 알코올을 만드는 반응이다. 대표적인 알코올 발효 음식으로는 막걸리와 맥주 등이 있다. 젖산 발효는 김치나 된장은 물론 요거트나 치즈를 만드는 발효이다. 젖산균이 포도당을 분해해서 젖산을 만들어 내 신맛이 난다. 발효라고 하면 아주 오랜 시간이 걸리는 것으로 생각하기 쉽지만, 효모로 식빵을 만들 때처럼 짧은 시간에 발효하는 경우도 있다.

7. 장내 미생물과 건강

2006년에 발표된, 미국 생물학자 제프리 고든의 연구는 장내 미생물에 대한 큰 사회적 관심을 불러일으켰다. 그는 장내 무균 상태인 쥐에다 비만 쥐의 대변을 이식했더니 무균 쥐가 비만해졌다는 실험 결과를 제시하며 장내 미생물과 숙주의 건강이 '상관관계'를 이루고 있음을 입증했다. 이 연구는 즉 미생물 없는 위생 환경이 좋다고만 여기던 데에서 벗어나 미생물과 숙주의 공존, 공생을 인식하게 되었다는 데서 큰 의의를 갖는다.

여러 가지 연구들에서 장내 미생물의 생태계가 숙주의 면역, 대사, 신경계에 관여하기 때문에 장내 생태계의 변화가 숙주의 질병과도 연관성을 지닌다는 것이 잇따라 보고되었다. 대변의 장내 미생물 전체의 유전체 염기서열을 분석해 종의 분포를 식별하거나, 특정 미생물 종을 배양해 연구하거나, 실험동물을 대상으로 그 효과를 살피거나, 사람들의 건강 기록을 비교하는 갖가지 기법의 연구들에서 이런 상관성이 입증됐다. 현재는 여러 가지 만성 질환들이 장내 미생물과 연관되어 있다고 말할 수 있는 단계이다. 또한, 아토피, 천식 같은 면역질환, 심장병, 당뇨, 비만같은 대사질환, 그리고 일부 암이나 정신질환까지, 질병의 여러 원인 중 하나가 장내 미생물일 가능성이 제시되어 왔다.

미생물은 우리 몸에 질병의 원인이 되기도 하지만 인체가 생산하지 못하는 일부 비타민을 만들어 주거나 일부 영양소를 분해해 인체에 공급하며, 또한 인체의 생리대사에서 신호의 역할을 하는 여러 대사산물을 분비하기에, 이런 공생의 균형이 깨질 때 여러 질환의 원인이 될 수 있다는 것이다.

장내 미생물이 뇌에도 영향을 준다는 연구 결과도 최근엔 자주 나온다. 자폐 행동을 보이는 무균 쥐에다 건강한 쥐의 분변을 이식했더니 그 행동이 완화됐으며, 특히 특정 미생물 종이 호르몬 분비에 영향을 주어 이런 효과를 일으키는 것으로 보인다는 실험 연구도 있다. 이는 장내 미생물이 인체의 특정 호르몬 분비와 신경계에 영향을 끼칠 수 있음을 보여 준다.

요거트의 유래와 유산균의 정의, 유산균 연구자 메치니코프, 요거트가 발전한 나라 불가리아 등 요거트와 관련된 다양한 주제들을 다루어 보았다. 요거트는 낙농업이 발전한 유럽 국가들의 대표적인 발효 식품이다. '발효'라는 키워드 속에서 발효와 부패의 차이는 무엇인지, 발효 식품이 건강에 미치는 긍정적인 영향은 무엇인지, 프로바이오틱스와 프리바이오틱스의 개념적 차이는 무엇인지 등의 주제도 도출하였다. 본 챕터를 통해 요거트와 식품의 발효의 의미에 대해 한 번 더 생각해 볼 수 있기를 기대한다.

참고문헌

- -

Atarashi, Koji, et al. "Ectopic colonization of oral bacteria in the intestine drives TH1
cell induction and inflammation." Science 358.6361 (2017): 359-365.

Ley, Ruth E., et al. "Microbial ecology: human gut microbes associated with obesity."
Nature 444.7122 (2006): 1022-1023.

우문호. "요구르트와 야채 섭취로 장수하는 불가리아 음식문화." 글로벌시대의 음식과 문화, 학문사
(terms.naver.com/entry.nhn?docId=2805407&cid=42807&categoryId=55604.)

송성수. "일리야 메치니코프 - 면역학과 노인학을 개척한 직감의 과학자." 과학인물백과
(terms.naver.com/entry.nhn?docId=3385552&cid=58399&categoryId=58399.)

노봉수, 이형주, 문태화, 장판식, 백형희. 식품화학. 수학사, 2014.

이형주, 장해동, 이기원, 이홍진, 강남주. 기능성 식품학. 수학사, 2011.

Chapter

04

치즈

CHAPTER

04

치즈

치즈는 우유와 크림, 버터 등을 원료로 하고 여기에 효소를 가하여 응고시킨 후, 우유 단백질을 제거한 다음 가열 처리하거나 가압 처리하여 만들어진 식품이다. 치즈는 만드는 지역에 따라 다양한 종류로 구분할 수 있다.

[그림 4-1] **치즈**

현재까지 알려진 치즈의 종류는 무려 2,000여 가지나 된다. 새로 개발되고 있는 치즈도 세계적으로 500여 가지에 육박한다. 치즈를 언제 처음 먹기 시작했는지 정확하게 파악할 수는 없다. 대략 인류가 가축의 젖을 먹기 시작하면서 치즈가 만들어졌을 것으로 추정하는데, 이는 치즈를 만들기 위해서는 가축의 젖을 짜 방치했을 때 젖이 응고되어 생성된 물질인 커드가 필요하기 때문이다. 고대의 치즈는 가축의 젖에 있던 박테리아에 의해 자연적으로 발효되어 생성된 것으로 파악된다.

약 1만 2,000년 전 중앙아시아 유목민들이 최초로 양을 사육하기 시작했다. 이들이 양을 사육하기 시작했던 시기를 최초로 치즈가 도입된 시기로 추정하는 것이 일반적이다. 이들 유목민들이 유럽 대륙으로 이동하며, 이와 함께 치즈 제조 기술도 전파되었다. 아시아에서 유럽으로 전파된 치즈는 그리스 로마 시대를 거치면서 제조법이 완성되었다.

1. 치즈는 언제부터?

기원전 900년경의 작품, 호메로스의 『오디세이』에서는 치즈의 제조와 관련된 묘사가 등장한다. 율리시스가 외눈박이 거인 폴리페모스의 동굴에서 발견한 젖 담는 통들, 뿌옇게 흐르는 유청, 유청을 거르는 체와 쌓여 있는 치즈들은 당시 양젖으로 만드는 치즈를 만들었음을 짐작하게 한다. 후대에 와서는 아리스토텔레스, 히포크라테스 등이 치즈를 만드는 젖과 치즈의 영양 등에 대해 언급한 기록들이 있다. 로마 제국에 와서는 치즈를 만드는 기술이 비약적인 발전을 이루었다. 이전까지는 치즈의 응고제로 엉겅퀴나 무화과 즙 등이 쓰이다가 기원전 1세기 이전에 응유 효소(rennet)가 일반적으로 사용된 것으로 보인다. 저택에는 따로 치즈 키친과 더불어 숙성실을 두고 있었고, 시내에는 훈제해주는 센터가 있었다.

치즈는 황제와 귀족의 연회에 오르는 단골 메뉴였다. 또한, 치즈는 저장이

용이하고 이동이 편리하여 로마 시대 병사들의 필수 휴대품이었다. 로마군이 이동함에 따라 치즈도 함께 유럽 각지로 전파되었다. 특히 육식이 금지된 수도원에서 치즈는 단백질의 주요 공급원으로 매우 중요한 역할을 했다. 단조롭고 한정된 음식 문화를 확장시키기 위해, 수도원에서는 다양한 치즈를 개발했고, 치즈의 제조 기술을 농민들에게 공유했다. 로마 제국이 쇠락하고 주변 민족의 침입과 페스트 등 전염병이 퍼지면서 유럽이 암흑기에 접어든 뒤로 치즈의 제조 기술도 점차 쇠퇴했다. 그러나 중세 각지의 수도원에서는 치즈 제조 기술을 보전하고 발전시키는 데 힘썼고, 이를 통해 치즈 제조 기술이 명맥을 유지할 수 있었다. 오늘날 유명한 치즈들 중에 이름이나 기원에서 수도원이나 수도사와 관련된 것이 많은 것은 이 때문이다. 르네상스 시대 이후 치즈의 원료가 되는 우유의 위생 문제에 대해 불안을 느낀 사람들이 치즈 먹기를 꺼렸지만, 19세기 파스퇴르의 저온 살균법과 냉장고가 등장하면서 치즈는 다시 인기 높은 식품이 되었다.

19세기에 들어, 치즈는 각 지역별로 독특하고 특색 있는 향미를 갖게 되었다. 산악 지대나 계곡이 깊은 스위스나 영국에서는 단단한 하드 치즈가 많이 생산되었고, 평야가 넓은 프랑스와 이탈리아에서는 소프트 치즈가 발전했다. 또한, 프랑스의 미생물학자인 파스퇴르(Louis Pasteur)가 개발한 저온 살균 방식은 치즈의 생산에 더욱 박차를 가하는 계기가 되었다. 이전까지 치즈 생산에 사용된, 살균을 하지 않은 우유에는 미생물의 함량이 높아 치즈가 쉽게 상하거나 식중독을 일으키는 등 부작용이 많았다. 하지만 파스퇴르가 개발한 저온 살균 방식을 거치면서 우유 속에 포함된 젖산균과 효소를 제거함으로써 일률적인 관리가 가능해졌다.

치즈가 대량 생산되기 시작한 것은 미국에서부터였다. 1850년대 미국 뉴욕주의 낙농부인 윌리엄스는 옆 농장들에서 생산된 우유를 이용하여 조립라인 형식의 공장을 세웠다. 1870년 덴마크의 한샘이 정제한 레닛을 생산하면서부터 본격적인 판매가 시작되었다. 가공 치즈의 경우 1911년에 스위스에서 최초로 개발하였으나 큰 관심을 끌지는 못하다가, 1916년 미국 크래프트 사(社)가 제조한 이후 급격하게 수요가 증가하여 오늘날에는 전 세계 치즈 생산량의 80% 이상을 차지하고 있다. 20세기 후반으로 들어서면서부터 각 나라들은 자국의 치즈를 보호하기 위해 원산지 인증을 실시하게 되었으며, 여전히 다양한 맛과 모양을 지닌 치즈들이 만들어 지고 있다. 한국에서는 광복 후 서양식 음식 문화가 소개되면서 수입된 치즈가 유통되기 시작하여, 1975년부터 국내에서도 생산하기에 이르렀다. 국민소득이 늘어나고 식생활이 점차 서구화하면서 국내 치즈의 소비량은 빠른 속도로 증가하고 있다.

치즈의 어원

치즈는 라틴어 '카세우스(caseus)'에서 유래되었는데, caseus는 우유 단백질인 casein의 어원이기도 하다. 영어 문화권에서는 고대에 'cese', 중세의 'chese'를 거쳐 현재의 'cheese'로 변형되었다. 독일에서는 '케제'(kase), 이탈리아에서는 '카초'(cacio), 스페인에서는 '케소'(queso)로 불린다. 또한, 프랑스어의 '프로마주'(fromage)나 이탈리아어의 '포르마찌오'(formaggio)는 둘 다 라틴어의 '포르모스(formos)'에서 유래되었다.

2. 위대한 발견, 레닛(rennet)

자연스러운 유산균을 통해 만들어지던 치즈의 역사에서 레닛의 사용은 매우 획기적인 사건으로 기록된다. 치즈에 레닛을 첨가함으로써 치즈가 굳고, 압축되는 과정을 동일한 조건으로 조절할 수 있게 되었기 때문이다.

이를 통해 유럽에서는 다양한 종류의 치즈가 만들어졌다. 레닛의 발견이나 처음 사용하게 된 시기에 대해 정확히 밝혀진 것은 없다. 그러나, 4천년 전 아라비아 행상인 카나나(Kanana)가 사막을 횡단하면서 양의 위로 만든 주머니에 염소의 젖을 넣어두었는데, 다음날 열어 보니 염소젖이 끈적이는 흰 덩어리로 변화되어 있는 것을 발견한 데서 그 기원을 찾는다.

레닛(rennet)이란?

레닛은 보통 양이나 송아지의 4번째 위에서 얻을 수 있는 레닌과 펩신을 함유한 것으로, 치즈 제조 시 치즈를 응고시키는 가장 중요한 역할을 한다. 카나나가 염소의 젖을 담아 두었던 주머니에는 레닌이 남아 있어 염소젖이 응고되었던 것이었다.

최근 치즈 생산량이 증대함에 따라 레닛의 원료가 되는 송아지가 부족하여 레닛 대체 효소가 개발되었다. 동물 레닛으로는 돼지나 소의 펩신이 한정된 치즈의 제조에 이용되고 있지만 식물 유래 레닛은 사용되지 않는다. 미생물 레닛에는 곰팡이 종의 효소가 많이 사용되었다.

3. 다양한 치즈의 분류

치즈의 타입과 풍미를 결정하는 것은 수유 동물의 품종, 사료, 밀크의 지방 함유량, 제조 단계별 처리 방식, 숙성 기간 등이 있다. 특히 치즈를 발효시켜 주는 박테리아와 곰팡이가 치즈의 타입과 풍미에 큰 영향을 끼친다. 이들 미생물은 대개 지역적으로 발달된 것들로 치즈를 원산지명으로 부르는 경우가 많은 것은 이와 관련이 있다. 프랑스, 이탈리아 등 주요 치즈 생산국들은 자국의 전통적인 치즈에 대해서 원산지 명칭을 법적으로 보호하고 있다.

치즈를 분류하는 방식은 매우 다양하지만, 가장 일반적인 방식은 신선한 치즈(fresh cheese 또는 unripened cheese)와 숙성된 치즈로 분류하는 것이다. 갓 만들어진 치즈와 숙성 후 치즈의 특징이 명확하게 다르기 때문이다.

신선한 치즈는 유청과 응유과 분리된 유즙으로 만든 것으로 크림 치즈, 리코타 치즈, 팟 치즈 등이 속한다. 신선한 치즈는 수분 함유량이 높아 부드럽고 푹신한 식감을 갖는 것이 특징이다. 숙성된 치즈는 응유를 가열하거나 박테리아를 접종하는 과정을 통해 응유를 보존 처리해야 한다. 이후 온도와 습도를 제어할 수 있는 공간에서 숙성을 통해 치즈를 제조할 수 있다. 왁스 또는 다양한 포장 재료로 치즈를 싼 뒤 숙성시키기도 하는데 이는 치즈의 단단함에 따라 다양하게 구분된다. 이처럼 만들어 내는 치즈는 겉을 가열한 뒤 압력을 가해 누르며, 최소 2년 동안의 숙성 기간을 거쳐 완성된다. 이렇게 만들어낸 치즈로는 파마산, 페코리노 등이 있으며, 곱게 갈거나 얇게 썰어 사용한다.

신선한 치즈와 숙성 치즈로 분류하는 방법 이외에는, 단단함에 따라 준 연질 치즈와 부드러운 숙성 치즈로도 분류되며, 굳히는 방법과 박테리아를 접종시키는 방법에 따라서 반 고형인 것에서부터 크림 형태의 치즈까지 다양한 분류법이 있다.

4. 치즈를 보관하는 방법

치즈는 맛과 향을 유지하려면 적합한 환경에서 보관해야 한다. 젖산균을 비롯한 발효 미생물은 공기에 오래 노출되면 상한다. 또한, 치즈는 지방 함량이 높기 때문에, 고온에서 장시간 방치되면 지방이 분리된다. 특히 커티지 치즈, 크림 치즈 등 소프트한 치즈 종류들은 환경 변화에 예민하다.

치즈를 보관할 때는, 치즈를 숙성시킬 때의 온도 및 습도와 유사한 환경에서 보관하는 것이 좋다. 일반적으로 온도 10~15℃, 습도 85~90%, 통풍이 좋고, 어둑한 곳에 두는 것이 가장 바람직하다. 이와 유사한 환경을 찾기 힘드므로 냉장고에 보관하는 것이 보편적이다. 냉장고에 넣을 때는 치즈를 낱개로, 열전도성이 양호한 포장지로, 연질 치즈는 너무 단단하지 않게 잘 싸는 것이 중요하다. 이렇게 냉장고에 보관한 치즈를 먹을 때에는 미리 꺼내 실온에 놓아 두었다가 먹어야 치즈를 제대로 맛볼 수 있다. 조건을 잘 맞춘다고 해도 치즈를 냉장고에서 2주를 넘겨 보관하는 것은 일반적으로 좋지 않다. 가공 치즈는 대개 6개월까지 보관할 수 있는데, 이는 가공 치즈에는 발효 미생물들이 거의 살아 있지 않기 때문이다.

만약 치즈에 곰팡이가 생겼을 경우, 해당 부분을 좀 여유 있게 떼어내 버리면 된다. 그렇지만 리코타치즈나 크림 치즈처럼 부드러운 치즈에 곰팡이가 생겼을 때는, 통째로 버려야 한다. 또한, 치즈는 식중독에 대하여 비교적 안전한 것으로 알려져 있지만, 살균하지 않은 생유를 사용한 치즈의 경우에는 안심할 수 없다.

5. 치즈에는 어떤 효능이?

치즈는 풍성한 풍미를 즐길 수 있는 식품이다. 잘 숙성된 치즈는 여러 가지 맛을 한 번에 느낄 수 있다. 짠맛, 쓴맛, 신맛, 단맛, 감칠맛, 그리고 곰팡이 숙성 치즈라면 톡 쏘는 맛까지 볼 수 있다. 아울러 야생화, 허브, 버섯, 목초 등에서 풍기는 은은한 향을 맡을 수 있다.

치즈가 많은 사람에게 사랑받는 이유는 맛뿐만 아니라 풍부한 영양에도 있다. 치즈는 약 10배 용량의 우유가 농축된 것으로, 단백질 · 지방 · 미네랄 · 비타민 등 사람에게 필요한 영양소들이 소화 흡수되기 쉬운 형태로 풍부하게 녹아 있다.

생산 방법에 따라 차이가 있지만, 보통 치즈의 10~30%는 단백질이 차지한다. 경질 치즈들은 단백질이 30%에 이르는데 이는 20% 정도인 육류를 능가하는 수준이다. 이 때문에 치즈는 성인에 비해 아미노산을 더 필요로 하는 성장기 어린이들의 영양 공급원으로서 유용하다.

치즈는 또한 지방을 함유하고 있다. 체다, 스틸턴 등의 치즈는 고형분 중 지방함량이 45~55%에 이른다. 크림 치즈 중에는 고형분 중 지방함량이

75%가 넘는 것도 있다. 이들 치즈들은 에너지가 필요한 사람들에게 좋은 지방 공급원이 된다.

치즈는 칼슘의 뛰어난 원천이기도 하다. 거의 커드 형태인 코티지 치즈는 풍부한 칼슘으로 골다공증의 예방에 좋은 식품이다. 칼슘은 식품에 녹아 있는 상태에서 섭취하는 것이 안전하다. 치즈는 칼슘 외에도 철과 인 등의 다른 무기질도 많이 함유하고 있고, 비타민 A, D와 E의 공급원으로서도 한몫을 한다. 다만, 비타민 C는 대부분 유청으로 빠져나가 많지 않다. 완성된 치즈 속에는 당이 거의 없으므로 치즈는 또한 당분을 멀리해야 하는 사람이 즐길 수 있는 식품이다. 치즈의 에너지 가치는 100g당 100~350kcal로서 상당히 높다.

치즈의 생산과 소비

치즈의 생산량은 계속 증가하는 추세이다. 미국이 전체 생산량의 약 30%를 차지하는 최대 생산국이며, 프랑스·독일·이탈리아 등 유럽 국가들이 그 뒤를 잇는다. 한국의 치즈 생산량은 세계적인 수준에서는 아직 미미하지만, 생산량이 계속 지속해서 증가하고 있으며 점유율도 높아져 가고 있다.

1인당 치즈 소비량이 가장 많은 나라는 그리스이다. 그 뒤로는 프랑스·이탈리아·덴마크·독일 사람들이 많은 양의 치즈를 소비한다. 한국은 피자, 스파게티 등 치즈가 들어가는 음식의 소비자들이 급증함에 따라 치즈 소비량이 점차 늘고 있는 추세다.

6. 리코타 치즈란?

우유의 단백질이 엉켜서 응고된 뒤, 남아 있는 맑은 노란색의 액체를 유청이라고 한다. 리코타 치즈는 이 유청을 원료로 하여 만든 이탈리아 치즈다.

유청은 그대로 버리게 되면 하수 시설이나 강을 엉망으로 만들 수 있어 현재뿐만 아니라 과거에도 이를 처리하는 것이 골칫거리였다. 지방함량은 낮으면서 영양분이 풍부한 맑고 투명한 액체인 유청을 치즈로 탈바꿈시킨 것이 리코타 치즈의 시작인 것이다.

　리코타는 '두 번 데웠다'는 뜻을 가진 이탈리아어로, 이는 리코타 치즈가 만들어지는 과정을 말해 주고 있다. 치즈를 만들기 위해 우유를 데우는 것이 첫 번째, 리코타 치즈를 만들기 위해 모아진 유청을 데우는 것이 두 번째 과정이다. 치즈를 만들고 나서 모아진 유청에 식초나 레몬과 같이 산을 포함한 물질을 넣고 높은 온도(80~90℃)로 끓이면 유청 안에 있는 단백질 성분들이 뭉치면서 작은 덩어리들이 위로 뜨게 되는데, 이것을 걷어서 일정 시간 방치하면 리코타 치즈가 완성된다.

　치즈의 역사와 유래, 다양한 치즈의 종류, 치즈를 응고시키는 레닛, 치즈를 보관하는 방법, 치즈의 효능 등의 내용을 다뤄 보았다. 국내 치즈의 소비량은 지속적으로 증가하고 있는 추세이다. 그만큼 조리에 이용되는 치즈의 종류도 다양해졌고, 치즈를 활용한 음식의 종류도 다양해졌다. 치즈는 그 어떤 음식보다도 역사가 길고 종류가 다양하기 때문에, 그만큼 이야깃거리가 많다. 본 책이 치즈에 대한 관심을 높이고, 더 다양한 이야깃거리를 찾아보고 싶은 계기가 되었으면 한다.

리코타 치즈 만들기 〉〉〉〉〉〉

■ 재료

우유 500ml, 생크림 250ml, 레몬1개(2T), 소금 1t, 설탕 1/2T

■ 레시피

① 냄비에 우유와 생크림을 넣고 가열해 준다. 이때, 가장자리가 끓을 정도까지만 가열한다.(약 70도)
② 불을 끄고 미리 짜둔 레몬즙과 설탕을 넣어주고 주걱으로 가볍게 저어준 뒤, 약 10분간 뚜껑을 덮어둔다.

③ 뚜껑을 열고 소금을 넣어 잘 저어 준 뒤, 면포에 걸러 준다.
④ 면포 채 냉장고에 넣고 1~2시간 정도 식혀준다. (면포 위에 무거운 걸 올려주면 조금 더 모양이 잘 잡힌다)

■ 완성

참고문헌

김진, 이광일, 우희섭, 김윤성. 리코타 치즈. 조리용어사전, 2007.

Chapter

05

맥주

맥주

1. 맥주는 언제부터?

1953년, 메소포타미아에서 발견된 비판에는 "기원전 4200년경 고대 바빌로니아에서 이미 발효를 이용해 빵을 구웠으며 그 빵을 가지고 대맥의 맥아를 당화시켜 물과 함께 섞어서 맥주를 만들었다."라고 기록되어 있다. 당시이 지역에 살던 수메르족의 주식은 보리빵이었는데, 젖은 채 버려두었던 보리빵이 발효가 되어 술이 되었다고 한다. 루브르 박물관에 소장되고 있는 수메르 민족의 가장 오래된 기록 『Monument Blue』에는 방아를 찧고 맥주를 빚어 니나 여신에게 비치던 풍습이 기록되어 있는데 이런 기록들을 바탕으로 맥주의 기원을 농경생활을 시작한 무렵으로 추정할 수 있다.

수메르에 살던 아시아인들이 이집트로 옮겨 오면서 이집트에서도 맥주 문화가 만들어지기 시작했다. 기원전 3000년경부터 이집트는 나일강에서 재배한 대맥으로 맥주를 생산하기 시작했다. 이집트에서 맥주는 만병통치약으로 통했는데, 당시 기록물로 추정되는 700여 건의 처방문 중에 100건이 맥주를 사용했다고 한다. 맥주의 용도는 벌레 물린 곳에 바르는 가벼운 치료에서부터 중증의 병까지 다양했다. 기원전 1750년경에 제작된 『함무라비 법전』에도 맥주에 관한 이야기가 등장한다. 맥주 술집에 대한 엄격한 규정이나 맥주

[그림 5-1] 맥주

의 합리적인 가격까지 책정해 놓은 점으로 보아 바빌로니아에서 맥주는 가장 대중적인 술 중의 하나였다.

　기원전 1500년경에 발견된 이집트의 한 묘지에 새겨진 벽화에는 '항아리를 만들어 깨끗하게 씻고, 반죽을 운반하고, 빵을 잘라 넣고 채로 쳐서 건더기를 제거한 후 발효시켜 맥주를 빚는 모습'이 자세하게 묘사되어있다. 당시의 맥주는 저장이 불가능했고, 색상이 탁하며 거품도 거의 없었다. 시간이 흐르며 당시의 맥주는 바빌로니아, 이집트를 거쳐 그리스, 로마를 통해 유럽에 전파되었다. 특히 영국·독일·덴마크·네덜란드처럼 포도를 재배하기 어렵거나 우수한 양조용 포도를 재배하기 어려운 북유럽 지역에서는 상대적으로 쉽게 재배할 수 있는 곡물을 바탕으로 한 양조가 이루어지게 되어 맥주가 발달하게 되었다.

2. 여성에서 수도원으로

기원후 처음 수 세기 동안 빵을 굽는 일과 함께 맥주를 양조하는 일은 여성의 몫이었다. 맥주를 잘 담그는 솜씨는 신부의 중요한 자격 요건이었으며, 맥주 양조에 쓰이는 도구는 일체 아내의 재산이었다. 그러나 서기 900~1000년 수도사들이 맥주 양조에 관심을 보이면서 서서히 양조를 하는 주체가 여성에서 남성으로 변해갔다. 수도사들이 맥주 양조에 관심을 갖게 된 이유는 금식 기간 동안 마실 영양이 풍부하고 맛이 좋은 음료를 원했기 때문이다. 당시 수도사 1명당 5ℓ의 맥주를 마실 수 있도록 허용되었다고 한다. 지식인 계층이었던 수도사들의 맥주 양조에 깊은 관심은 맥주의 품질 향상에 크게 기여하였다. 나아가 수도사들은 양질의 맥주를 양조해 영업적으로 판매하기 시작했고, 이를 계기로 일반인에게도 이 양조 기술이 전파되었다.

3. 자본주의와 맥주의 발달

종교개혁과 르네상스 운동, 프랑스 혁명을 거치며 중세 사회는 근대로 접어들었고, 맥주를 만드는 주체도 수도원에서 시민사회로 넘어가게 되었다. 성직자 계급은 모든 재산을 몰수당했고, 재정적 특권을 박탈당했다. 동시에 자유로운 기업 활동이 가능하게 되어 자본주의가 시작되는 발판이 마련되었다. 그 결과 도시가 발전하기 시작했고, 맥주는 전문 양조장에서 제조되며 더욱 발전하게 되었다.

당시에는 자연 발효되는 맥주의 발효를 돕고 맛을 더욱 진하게 만들기 위해 그루트를 첨가했다. 제조업자들은 경쟁적으로 첨가물을 넣게 되면서 역청이나 소 쓸개즙, 뱀 껍질, 삶은 달걀, 그을음 심지어는 분필 가루까지 넣게 되었다. 사람의 생명까지 위협하게 되는 맥주 첨가물이 등장하자 관련 법령과 통제가 심해지게 되었는데, 이때 이런 첨가물을 대체할 수 있던 것이 바로 홉이었다. 맥주에 홉을 넣기 시작하면서 홉의 쌉쌀한 맛과 상쾌한 향기가 사람들의 입맛을 당기기 시작했고, 홉에는 맥주의 부패를 막고 오래 보존할 수 있는 성분이 포함되어 있다는 사실이 알려졌다.

독일의 맥주 순수령

홉의 다양한 효능이 사실이 알려지면서, 1516년 독일 남부 아이에른 공국의 빌헬름 4세는 맥주를 만들 때에는 '물, 홉, 보리만을 사용하도록'하는 맥주 순수령을 공표 했다. 법령을 바탕으로 독일에서는 좀 더 정제된 맥주 양조법이 발전하게 되었고, 맥 주는 근대 독일 경제의 주요 성장 동력이 되었다. 지금도 독일에서는 맥주 순수령을 바탕으로 맥주를 양조하고 있다. 맥주 순수령은 맥주의 질적 발전 목적뿐만 아니라, 인체에 유해한 방부제를 사용하는 것을 금지하려는 목적도 있었으며, 이런 의미에서 세계 최초의 식품 안전법으로 평가받기도 한다.

[그림 5-2] 홉

4. 맥주의 원료

맥주를 만드는 성분은 맥아(Malt), 홉(Hop), 효모, 물, 그리고 쌀, 옥수수, 녹말 등의 부원료이다. 맥아는 보리를 싹을 틔워 용해한 후 건조하여 만든 전분이나. 맥아에는 각종 효소가 들어있어 전분질을 당분으로 분해하고, 단백질 및 아미노산을 함유하여 효모의 영양원이 된다. 맥아 껍질(Husk)은 맥즙을 맑게 여과하는 여과층으로 이용된다.

홉은 맥주의 특유의 향미와 쌉쌀한 맛을 만들어 준다. 또 미생물 안전성을 부여해 주는 역할을 한다. 효모는 당분을 알코올과 탄산가스로 변화시켜주고, 맛과 향에 영향을 주는 발효 물질을 생성한다. 맥주의 90% 이상을 차지하는 물은, 맥주 발효 및 효모의 성장에 필요한 미네랄을 함유하고 있다. 부원료는 다량의 전분질을 함유하고 있으며, 부드러운 맛 등 맥주 맛에 다양성을 부여해 준다.

5. 라거와 에일

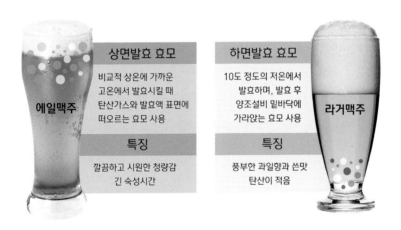

[그림 5-3] 라거와 에일의 차이

맥주의 효모는 크게 2가지로 상면 효모와 하면 효모가 있다. 상면 효모는 발효가 끝나면 거품과 함께 위로 떠오르고, 하면 효모는 밑으로 가라앉는다. 더 높은 온도에서 발효하는 상면 발효 맥주는 맥주 내에 더 많은 효모를 포함하여 강하고 풍부한 맛과 향을 지닌다. 반면 하면 발효 맥주는 더 낮은 온도에서 발효하며 여과가 쉽기 때문에 깨끗하고 부드러운 맛과 향을 지닌다. 19세기 이전에는 상면 효모를 이용한 맥주가 대부분이었지만 지금은 하면 발효 맥주가 전 세계 맥주 시장의 4분의 3을 점유할 정도로 일반적이다. 상면

발효시킨 맥주를 '에일(ale)'이라 하고, 하면 발효시킨 맥주를 '라거(lager)'
라고 하는데, 라거는 하면 발효를 위해 일정 기간 창고(독일어로 라거)에 맥
주를 저장하면서 붙여진 이름이다.

6. 최초로 냉동기를 개발한, 칼 린데

15세기 말 독일 사람들은 겨울철 맥주를 저온에서 장시간 발효, 숙성하면
맛이 좋아진다는 것을 알게 되었다. 추운 겨울을 이용한 자연 냉각으로 세균
이나 유해 효모로 인해 술이 부패되는 것을 방지할 수 있기 때문이다. 19세
기 이전까지만 해도 음식물을 시원하게 보관하려던 얼음과 눈, 혹은 서늘한
공간을 이용하는 방법밖에 없었고, 추운 겨울에는 유해 미생물로 인해 술이
부패되거나 변질을 최소화할 수 있었던 것이다. 이렇게 계절적인 한계로 맥
주 양조 기간을 9월 29일부터 이듬해 4월 23일까지로 엄격히 정해 놓았다.

이 시기 미국에서는 냉각제인 에테르를 증발시켜 낮은 온도를 확보하는 압
축 냉장 장치를 사용하려는 시도가 있었다. 냉각제가 증발하면 기화열을 흡
수하여 주위의 온도가 내려가고, 이때 펌프는 증발 과정과 응축 과정을 조절
하는 역할을 하는 것이다. 1876년, 독일의 교수 칼 린데는 암모니아를 냉각
제로 사용하는 압축 냉장 장치를 발명했다. 이 장치는 특히 양조 공정에서
효율적인 냉장 공간을 필요로 했던 양조 업체들에게 큰 호응을 얻으며, 하면
발효 맥주가 큰 인기를 끌게 되었다.

7. 맥주의 저온 살균, 루이 파스퇴르

맥주 발전의 역사에서 또 하나의 큰 공헌을 한 인물은 루이 파스퇴르다. 파
스퇴르는 술이 효모의 작용에 의해서 생성된다는 것과, 맥주 효모가 60도 이
하의 온도에서 작용하지 않는다는 것도 발견했다. 이 발견을 토대로 파스퇴

르는 발효가 끝난 효모를 살균하여 술의 재발효를 방지하기 위한 방법인 저온 살균법을 개발했고, 이 방법으로 맥주에 남아 있는 효모를 제거함으로써 맥주를 장기간 보관하는 것이 가능해졌다.

또 이전의 쓰고 비리던 맛이 사라졌다. 19세기를 통해 저온에서 천천히 오랜 시간에 걸쳐 발효, 숙성시켜야 하는 하면 발효 맥주는 질적으로 많이 발전되었고, 생산과 유통을 언제라도 할 수 있게 되었다. 산업혁명을 통해 물을 나르고 맥아를 부수고 맥즙을 내는 과정에 동력을 이용하고, 또 증기기관을 이용하여 대량으로 수송이 가능해지면서 맥주는 본격적으로 대중화의 시대에 접어들게 되었다.

8. 완벽에 가까운 맥주 맛을 내는, 크리스찬 한센

덴마크의 칼스버그 연구소에서 일하던 크리스찬 한센은 파스퇴르의 이론을 이용해 질 좋은 효모를 골라 배양 증식하는 '순수 배양 기술'을 개발했다. 한센은 파스퇴르가 발견한 사실을 응용해 효모의 인공 배양을 실현했다. 효모를 인공 배양할 수 있게 된 것은, 이전까지 조절할 수 없었던 발효 과정을 사람이 직접 조절할 수 있도록 했다는 데서 큰 의의를 가진다. 한센의 효모 순수 배양 기술 덕분에, 맥주 발효에 가장 적절한 효모만을 이용하여 원하는 맛에 가장 가까운 맛을 표현할 수 있게 되었으며, 대량생산 시에도 균일한 맛을 유지할 수 있게 되었다.

페트병에 담긴 맥주

맥주의 오랜 역사에 비해, 캔맥주를 마시기 시작한 지는 70년 정도밖에 되지 않았다. 기존의 병맥주는 용량이 적고, 단가가 높으며, 파손되기 쉬워 페트병 사용에 대한 요구가 계속되었다. 하지만 기존 페트병은 산소가 투과되어 맥주의 산화를 일으켜 맥주를 담기에는 부적절했다. 이러한 단점을 보완하고자 나온 것이 바로 완벽 밀폐가 가능한 PAB(Passive and Active Barrier) 공법이다. PAB 공법을 통해 만들어진 병은 철, 레진, 나일론 등으로 이루어진 0.3mm 두께의 특수 처리된 재질로, 맥주 맛을 싱겁게 하는 산화와 탄산 유실을 완벽하게 막아 준다. 국내 최초로 PAB 공법을 도입한 페트병 맥주인 OB 큐팩 이후로 페트병은 맥주 포장 용기로 활발하게 사용되기 시작했다.

도수란 무엇일까요?

도수는 술이 부피에 대비하여 얼마나 많은 알코올을 함유하고 있는지를 의미한다. 즉 술 100ml당 순수한 알코올의 비율을 계산한 것이다. 도수는 %ABV(alcohol by volume)단위를 사용하는데, 즉 도수 4의 200ml의 맥주에 들어 있는 알코올의 함량을 계산해 보면 0.04(4%) x 200ml = 8ml가 나온다. 이를 무게로 환산해 주면 에탄올은 밀도가 0.8이므로, 200ml의 맥주에는 6.4g의 에탄올이 함유되어 있음을 알 수 있다.

홉과 효모에 의해 만들어진 톡 쏘는 쓴맛

고대의 맥주에는 없던 '쓴맛'이 현대 맥주에는 결정적인 역할을 하고 있다. 국산 맥주보다 수입 맥주를 더 선호하는 사람들은 그 이유로, 쓴맛을 꼽는다. 쓴맛의 정도를 숫자로 표시할 때 국내 맥주는 9~12, 일본 맥주는 15~18, 독일 맥주는 15~25 정도라고 한다. 바로 이 쓴맛은 홉의 알파산 성분이 이소알파산으로 변하면서 생기는 것이다.

맥주의 쓴맛은 맥주 효모에 의한 알코올 발효 과정에서도 생긴다. 맥아에는 당분과 아밀라아제가 포함돼 있는데, 64도에서 장시간 유지하면 아밀라아제가 활성화돼 맥아의 당분을 더 작게 분해한다. 이렇게 알코올 발효가 일어나 당분이 잘게 쪼개지면 단맛이 줄고 상대적으로 쓴맛이 강해지는데, 잘게 쪼개진 당분은 다시 알코올 발효 과정을 거치면서 알코올과 탄산을 생성해, 톡 쏘는 독특한 쓴맛을 내는 맥주가 만들어지는 것이다.

맥주잔을 바라보다가 노벨상을 받다

1952년 미시건대 교수였던 도널드 글레이저는 맥주잔에 거품이 생기는 모습에서 영감을 받아 거품상자(bubble chamber)를 발명했다. 거품상자는 맥주와 같이 액체 속에 기체가 많이 들어 있는 상태에서 기포가 발생한다는 원리를 응용한 것이다. 높은 압력의 액체 수소로 채워진 이 상자는, 작은 자극만으로 기포를 생성한다. 아주 작은 소립자라도 이 상자를 통과할 때 거품이 만들어져 이동 경로를 눈으로 확인할 수 있게 되었다. 이를 통해 글레이저는 수많은 입자들의 존재를 밝혀냈고, 노벨 물리학상을 수상하게 된다.

[그림 5-4] 거품상자(bubble chamber)

9. 사람들은 왜 계속 맥주를 찾을까?

사람들이 맥주를 찾는 것은, 알코올 때문이 아닌 맛 자체 때문이라는 연구 결과가 발표되었다. 미국 인디애나의과대학 데이비드 카레켄 연구팀은 성인 남성 49명을 대상으로 두 차례의 실험을 했다. 첫 실험에서는 이온 음료 15ml 마시고 15분 뒤, 두 번째 실험에서는 맥주를 15ml 마시고 15분이 지난 뒤, 두뇌의 활동을 촬영한 것이다. 실험 결과 이온 음료를 마셨을 때에 비해 맥주를 마셨을 때 두뇌 속의 도파민 생성이 늘어남을 관찰할 수 있었다.

도파민은 행복감과 쾌락을 느끼게 하는 신경전달물질 중 하나로, 매우 적은 양의 알코올을 섭취한 실험 참가자들은 혈액 내 알코올 작용이 거의 없어도 감정이 고조돼 더 많은 맥주를 원하게 되는 것이다. 심지어 맥주를 마시지 않아도, 맥주 자체의 냄새만으로도 도파민이 생성돼 맥주를 찾게 된다고 한다. 특히 알코올 중독의 가족력이 있는 사람들은 실험 경향이 더욱 뚜렷하게 나타났다.

맥주의 어원과 다양한 맥주의 이름

맥주의 어원은 다양하다. '마신다'는 의미의 라틴어 '비베레(bibere)'에서 파생했다는 말이 있는가 하면, 게르만족의 언어 중 '곡물'을 뜻하는 '베오레(bior)'에서 비롯됐다는 이야기도 있다. 맥주는 나라마다 이름이 다르다. 영어권에서는 비어(beer), 독일은 비어(bier), 포르투갈은 세르베자(cerveja), 이탈리아는 비라(birra), 러시아는 피보(pivo), 덴마크는 올레트(ollet), 일본은 비루(ビール), 중국은 피지우(啤酒)라고 부른다.

10. 맥주의 나라, 독일

독일에는 3,000종 이상의 맥주가 있다. 바이에른의 주도인 뮌헨에서는 해마다 10월 첫째 주 일요일을 최종일로 하는 16일간의 옥토버 페스트(Oktober fest)가 열린다. 옥토버 페스트는 1810년 바이에른의 왕자였던 루트비히 1세와 테레제 왕비의 결혼을 축하하는 조그만 축제에서 시작되었는데, 당시에는 승마 경기와 가축 품평회 등을 여는 지방 축제였다. 시간이 흐르면서 세계에서 가장 큰 맥주 축제로 확대되었고, 현재는 해마다 세계 각지에서 600만 명이 넘는 관광객이 모여들어 무려 600만ℓ의 맥주를 마신다.

맥주의 기원과 역사, 맥주만의 독특한 매력을 갖추게 해준 홉, 맥주 발전에 지대한 공헌을 한 독일의 맥주 순수령, 맥주의 품질과 보존을 가능하게 해준 과학자들 등의 내용에 대해 다뤄 보았다. 맥주를 담그는 것은 본래 여성의 역할이었다는 점, 수도원이 맥주 발전의 주체가 되었다는 점 등도 흥미롭다. 또, 이전에는 국내에서는 라거 맥주가 소비의 주를 이루었지만, 점차 에일 맥주의 소비가 증가하고 있는 추세이다. 본 챕터를 통해 맥주를 과학적 시각에서 바라볼 수 있고, 나아가 음식의 이면에 담긴 의미에 대해 관심을 가질 수 있길 기대한다.

참고문헌

정철, 박천석, 여수환, 조호철, 노봉수. 맥주개론. 광문각, 2016.

노벨재단. 거품상자의 발명. 바다출판사, 2010.

오비맥주. http://www.obbeer.co.kr

톰 잭슨. 냉장고의 탄생: 차가움을 달군 사람들의 이야기.

김규회. 독일은 맥주만 만든다? 끌리는책, 2012.

원융희. 맥주의 세계. 살림, 2008.

탄산수와
탄산음료

탄산수와 탄산음료

1. 탄산수는 언제부터?

한국의 탄산수 시장은 해마다 성장하고 있다. 하지만 탄산수의 인기가 시작된 건 지금보다 훨씬 더 이전인 18세기 무렵이다. 당시 사람들은 탄산수를 병을 고쳐 주는 약수라고 믿었다. 땅에서 솟아나는 천연 탄산수인 광천수 온천에서 목욕하면 병을 고칠 수 있다고 믿었고, 광천수를 마시면 위장병을 비롯해 여러 가지 병을 고칠 수 있다고 생각했다고 한다. 콜라, 사이다 등의 탄산음료는 이런 믿음에서 발달했다.

찾는 사람은 많지만 탄산수가 나오는 곳은 매우 한정되어 있어서 언제나 보통 물보다 탄산수는 비쌌다. 탄산수 시장이 커지자 기술자들은 인공 탄산수 개발에 뛰어들었다. 천연 탄산수는 대부분 광천수로 광물질이 녹아 있고, 거품이 나는 가스도 함께 녹아 있다. 하지만 옛날 사람들은 광물질이 녹아 있다는 사실보다는 톡 쏘는 맛에 약효가 있다고 믿었다. 이 때문에 인공 광천수 기술자들은 발포 가스를 물에 녹여 탄산수를 만드는 데 온 힘을 쏟았다.

그 결과 18세기 후반 영국과 스웨덴 과학자들이 거품이 솟아나는 탄산수를 만드는 데 성공했다. 최초로 인공 탄산수를 만든 사람으로는 영국의 화학자 조세프 프리스틀리다. 이 무렵의 탄산수는 주로 알칼리성 탄산염에 산을 작용시켜서 만들었다. 탄산수를 영어로는 소다(soda)라고 하는데 가스를 만들어 내는 탄산염으로 소다를 사용했기 때문이다.

인공 탄산수 개발은 유럽에서 처음 시작되었지만, 19세기에 많은 탄산수 기술자들이 미국으로 이민을 하면서 미국에서 탄산수 판매가 활기를 띠었다. 당시 미국은 개척 시대라 몸이 아플 때 먹는 변변한 약이 없었고, 탄산수가 그 역할을 대신하게 되었다. 특히 소화가 안 되거나 머리가 아프면 약국에 가서 탄산수를 사서 마셨다. 당시 약사들은 탄산수의 맛을 좋게 하기 위해 향료를 타거나 거품이 많이 나도록 많은 양의 탄산염을 섞어서 팔았다. 하지만 탄산수를 마시면 두통이 더 심해졌고 또다시 두통을 없애려는 환자들이 약국을 찾는 악순환이 벌어졌다. 사실 탄산수는 소화에 도움을 주지 않는다. 위의 소화 기능은 연동 기능과 위산 분비가 있는데 어느 쪽에도 관련이 없다. 탄산수를 마시면 언뜻 소화가 된 듯한 기분이 드는데, 그 이유는 탄산이 맵고 짠맛을 중화시키고, 다른 장내 가스와 함께 체외로 배출되기 때문이다.

19세기 말 미국의 약사 제이콥 바우어는 탄산염을 첨가하는 대신, 물탱크에서 이산화탄소를 발생시키는 장치를 개발했다. 당시 미국에는 이 장치를 설치하지 않은 약국이 없을 정도로 탄산수의 인기는 날로 커졌다. 탄산수를 약으로 여겼기 때문에 20세기 초까지 탄산수는 주로 약국에서 판매했다. 약사들은 탄산수에 맛을 내고, 효과를 높이기 위해 코카인과 아편 같은 마약을 넣기도 했고, 저마다의 비법으로 탄산수를 만들며 경쟁이 과열됐다.

아편

양귀비에서 얻은 유액을 말려 채취하는 마약으로 진통제나 마취제 등 여러 약품의 원료가 된다. 강한 중독성이 있어서 약용 이외의 사용을 법으로 금지하고 있다.

그러다 1914년 발효된 해리슨법(Harrison Act)은 '중독성 약물의 비의학적 판매를 금지'시켰고, 더 이상 약사들은 의사의 처방전 없이 코카인이나 아편 성분을 넣은 탄산수를 판매할 수 없게 되었다. 그 때문에 소화제나 두통약으로써 탄산수의 역할이 줄어든 반면 톡 쏘는 맛의 시원하고 달콤한 맛의 탄산음료 기능이 강조되기 시작했다.

탄산수가 약이 아닌 음료로 주목받게 된 또 하나의 계기는, 1920년에 시작된 미국의 금주령이다. 모든 알코올 음료의 생산과 판매가 중지되었고, 사람들은 술을 대신할 대체품이 필요했다. 톡 쏘는 맛의 탄산음료가 술의 대체품으로 주목받게 되었다. 금주령으로 술집이 문을 닫으면서 성인 남자들이 약국으로 모여들었다. 엉뚱하게도 약국이 술집 대신 성인 남자들의 사회적 교류를 나누는 사교의 장소로 변하면서 다양한 탄산음료가 발달하게 되었다.

2. 콜라 대신 환타

탄산음료 중에서도 코카콜라사에서 만든 환타는 역사적으로 아주 독특한 음료다. 최초의 환타 원료는 치즈와 버터를 만들고 남은 우유 찌꺼기, 사과술을 만들고 남은 사과 찌꺼기였다. 한때는 환타가 음식 맛을 내는 조미료로도 쓰였다.

제2차 세계대전 이전에 코카콜라는 이미 독일인의 사랑을 받는 탄산음료로 자리 잡아, 해마다 판매량이 늘어 1939년에는 독일 전역에 600여 개의 공급처를 확보할 정도로 규모가 컸다. 1939년 9월 독일이 폴란드를 침공하면서 제2차 세계대전이 시작되었다. 전쟁이 확대되면서 미국 코카콜라 본사에서 수입해 오던 코카콜라 원액의 공급이 중단되었다. 이어 1941년 독일이 미국에 선전포고하면서 나치 독일 정부는 유럽 점령지에 있는 코카콜라 공장을 모두 몰수했다. 그리고 압수한 코카콜라 재산 관리 책임자로 코카콜라 독일 법인 책임자를 임명하면서 새로운 탄산음료를 만들 것을 명령

했다.

독일 법인 책임자는 콜라를 대신해 독일 시장에 판매할 새로운 탄산음료를 개발하려고 했지만, 전쟁 중에 쓸 만한 원료를 구할 수가 없었다. 게다가 알맞은 원료가 있더라도 대량생산이 가능할 만큼의 물량을 확보할 수는 없었다.

이 때문에 그는 독일에서 구할 수 있으며, 전쟁 물자로 사용하기에는 적합하지 않은 원료를 찾아야 했다. 이때 발견한 것이 우유 찌꺼기 유장과 사과술을 만들고 남은 찌꺼기였다. 유장은 우유에서 치즈와 버터를 만들고 남는 노랗고 맑은 액체로 오렌지 맛이 난다. 사과에서 즙을 짜내 술을 만들면, 찌꺼기에는 사과의 섬유질이 남아 있는데, 이를 이용해 사과 맛의 음료를 만들었던 것이다. 이렇게 환타를 만들었지만 문제는 만들 때마다 맛이 달라진다는 것이었다. 전쟁 중에 구하는 원료가 한정되어 있다 보니 원료에 따라 매번 다른 맛의 탄산음료를 생산할 수밖에 없었다. 코카콜라는 세계적으로 맛이 통일된 반면, 같은 회사에서 나오는 환타는 나라에 따라 맛이 다른 이유는 여기서 비롯된다고 한다.

제2차 세계대전이 막바지로 접어들면서 환타도 탄산음료가 아닌 조미료로 쓰이게 되었다. 환타는 어린이들이 주로 마시는 음료인 만큼 단맛이 중요했다. 따라서 독일은 전쟁 중에 설탕을 배급제로 철저하게 통제했지만, 예외적으로 환타를 만들 때는 어느 정도 설탕을 사용할 수 있도록 허용했다. 하지만 독일이 전쟁에서 패하면서 독일 국민은 물자 부족에 시달렸고, 사탕수수 수입이 끊기면서 설탕은 배급이 아예 중단되었다. 그러자 독일 주부들은 단맛을 내기 위해 설탕 대신 환타로 조미료를 대신했다고 한다.

3. 탄산의 고통을 즐기는 이유는?

물에 녹은 이산화탄소는 안면과 혀의 삼차신경을 따끔따끔 자극하여 가벼운 통증을 일으킨다. 그렇지만 탄산수를 좋아하는 사람들은 이를 시원하다고 여긴다.

왜 탄산의 고통을 즐기는 것일까? 이에 대한 유력한 가설은 매운맛과 유사한 롤러코스터 효과로 설명한다. 매우 위험한 것처럼 느껴지는 경험이 실제로는 그다지 위험하지 않다는 사실을 깨닫게 되면서 부정적인 경험에서 긍정적인 경험으로 바뀌고, 이내 그러한 자극을 즐기게 된다는 것이다. 여름철 시원한 탄산수를 즐기는 사람의 뇌는 롤러코스터와 공포 영화를 즐기는 사람의 뇌와 유사하고 한다. 2013년 미국 펜실베이니아주립대학에서 발표한 연구 결과에 따르면, 모험심이 강한 사람일수록 더 자극적인 음식을 찾을 가능성도 크다고 한다.

4. 최초의 탄산수, 프리스틀리

산소의 발견으로 유명한 영국의 과학자 프리스틀리(Joseph Priestley, 1733~1804)는 본래 신학자였다. 1752년부터 1755년에 디벤트리에서 신학뿐만 아니라 역사, 철학, 과학을 공부하고 1755년부터 목사 생활을 했다.

현재 자연과학과 신학은 아주 동떨어진 분야로 여겨진다. 그러나 프리스틀리가 살던 때는 신학과 의학, 법학이 가장 명망 있는 학문으로 인정을 받아 많은 천재들이 신학에 도전했다. 특히 당시 신학자들은 자연 현상에 대해 많은 연구를 했는데, 자연 현상에서 신의 전지전능함을 입증해 내려고 했기 때문이다. 당시 신학자들이 자연 과학에 종사했는데 그들을 '자연 신학자'라고 부른다.

프리스틀리는 1760년대부터 과학을 본격적으로 공부하기 시작했다. 영국

리버풀의 의사인 터너(Matthew Turner)의 화학 강의를 듣기도 하고, 해마다 한 달씩 런던에 체류하여 첨단 과학 분야를 섭렵했다. 적은 급료에도 공기 펌프나 과학 기자재를 사들여 실험했다. 또 그는 벤저민 프랭클린의 과학 강연을 들으며 과학에 대한 소양을 키웠다. 1767년부터 프리스틀리는 그동안 학자들이 발표한 자료와 자신이 습득한 지식을 바탕으로『전기학의 역사와 현황』을 출간했고, 이를 계기로 그는 '영국 왕립학회 회원'으로 추천되었다.

그의 과학 연구가 화학 분야에 집중되어 있었는데, 그의 집 근처에 있던 양조장 때문이다. 그는 양조통에서 공기가 발생하는 것을 관찰했다. 발효된 맥아의 표면에 염산을 가하여 이산화탄소(당시, 고정 공기)를 만들어 낸 뒤 이를 물에 녹였더니 상큼한 맛을 내는 거품이 발생했다. 그는 거품이 생긴 물이 발포주를 만드는 데 유용할 뿐만 아니라 공기로 선원들이 앓는 괴혈병을 치료할 수 있다고 생각했다. 그의 실험은 청량음료 산업의 시초인 탄산수를 만들어 내는 데 성공했고 '영국왕립학술원'은 그의 공적을 인정해 1773년 그에게 코플리 메달을 수여했다.

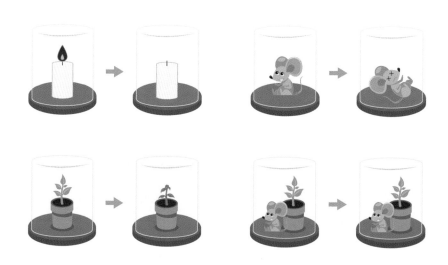

[그림 6-1] 프리스틀리의 산소의 발견

프리스틀리가 과학자로서 명성을 얻기 시작한 것은 산소의 발견이었다. 프리스틀리는 수은을 공기 중에서 가열하여 산화수은을 얻은 후 이 화합물을 시험관에 넣고 볼록렌즈로 모은 태양빛을 쪼이자 어떤 기체가 발생하는 것을 발견했다. 그는 이 기체를 이용해 다양한 실험을 했는데, 이 기체 속에서는 촛불이 격렬하게 연소되었고, 쥐가 활발하게 운동했으며, 사람도 기분이 좋아졌다. 산소를 발견한 것이었다.

프리스틀리가 산소를 발견하기 전까지 확실하게 알려진 기체는 고정 공기, 탄산가스 그리고 수소 등 세 가지뿐이었고, 그는 산소의 발견 후 '또 다른 기체는 없을까?'하는 의문을 품게 되었다. 그후 암모니아, 염화수소, 일산화탄소(연탄가스) 등을 비롯해 10종류의 새로운 기체를 추가로 발견했다.

산소의 발견이 과학사에서 중요한 것은 그의 발견으로 화학 혁명을 촉발시키는 원동력이 됐기 때문이다. 산소를 발견함으로써 화학반응에서 원소, 화합물, 물질의 보존을 새로 이해하게 되었고, 그런 개념은 오늘날 염료, 플라스틱, 비료, 마약이 개발될 수 있던 기반이 되었다.

프리스틀리는 '산소'를 발견했음에도 처음엔 그것의 정체를 알지 못했다. 그는 1774년 프랑스 파리에 들러 화학자 라부아지에를 만나, 자신이 발견한 새로운 공기(산소)에 대해 설명했고, 라부아지에는 추후의 실험에서 그 기체가 비금속 물질과 반응해서 산(acid)을 만든다는 사실을 밝혀냈다. 그리고 그 기체를 '산을 만드는 원리'라는 뜻에서 '산소'로 명명했다.

프리스틀리가 많은 기체를 발견할 수 있었던 것은 작고 다루기 손쉬운 장치를 직접 제작하여 소량의 시료로도 정밀한 결과를 얻을 수 있었기 때문이었다. 당시 과학자들은 기체를 연구하기 위해 물로 밀봉한 유리관으로 기체를 분리했는데, 이 방법은 기체가 물에 녹지 않을 때만 가능했다. 그런데 프리스틀리는 물 대신 수은으로 봉하여 기체를 수집했다. 이것이 그로 하여금 암모니아와 염화수소처럼 물에 잘 녹는 기체가 있음을 발견토록 한 것이다. 그가 과학사에서 크게 인정받는 것은 산소와 같은 기체를 발견한 공로도 있지만 이런 정밀한 실험 기구들을 만들었고, 이것이 후배들의 연구에 큰 기여를 했기 때문이다.

5. 탄산음료는 뼈를 약하게 만든다?

이산화탄소(CO_2)는 수분(H_2O)과 접촉하면 화학 작용을 일으켜 탄산 수용액(H_2CO_3)으로 변한다. 탄산음료를 마시면 바로 혈액 안에 산(acid) 함량이 많아지면 산 과다증이 나타나게 된다. 이렇게 되면 음식을 통해 섭취한 칼슘이 뼈로 가지 못하고 중간에서 사라지게 될 위험이 생긴다. 하지만 미국 크레이튼대학 내분비 학자인 로버트 헤니 박사에 의하면 탄산음료의 산 함량은 인체가 감당할 수 있는 대사량의 5~10%에 지나지 않는다며, 그 정도의 양으로는 뼈에서 칼슘을 빼앗아갈 능력이 없다는 내용의 연구 결과를 발표했다. 즉 사람의 뼈가 약해질 가능성에 대한 우려는 있지만 현실적으로 뼈에 직접적인 영향을 주긴 어렵다는 것이다.

그러나 탄산음료는 높은 산 함량으로 치아를 부식시킬 위험이 있다. 독일 괴팅겐대학의 연구 결과에 따르면, 탄산음료를 먹고 바로 이를 닦는 습관은 치아를 부식시키는 직접적인 원인이 된단다. 콜라, 사이다, 환타 같은 탄산음료는 강한 산성인데, 강한 산성 물질이 치아에 닿으면 치아의 맨 바깥층인 법랑질이 부식된다. 치아 표면이 부식된 상태에서 곧바로 칫솔질을 하면 법랑질이 벗겨지게 된다. 탄산음료를 마신 뒤에 적어도 30~60분 정도 기다리며, 침에 포함된 치아 보호 물질에 의해 손상된 치아 표면이 회복된 후에 양치질을 하는 것이 좋다.

또한, 일반적으로 탄산음료에는 카페인이 다량 함유되어 있다. 콜라 한 캔에는 40mg의 카페인이 들어 있다. 카페인 성분이 많은 음료를 마신 사람의 소변에서 칼슘량이 느는 걸 확인했다고 한다. 카페인은 칼슘을 몸 밖으로 배출시키는 역할을 해, 카페인이 몸에 들어가면 신장이 단백질을 분비해 혈액에 들어 있는 나트륨과 칼슘 이온을 빨아들인다. 또한, 탄산음료는 인산함량이 높은데, 인산을 과량 섭취하게 되면 뼈에서 칼슘을 용출시켜 소변으로 배출시킨다. 크레이튼대학의 로버트 헤니 박사는 카페인과 인산이 체내 칼슘의 섭취를 방해하고 장기적인 골 손실을 유발할 수 있다는 것과 탄산음료에 의한 산 과다증이 두통, 구토, 장기 기능장애 등을 유발할 수 있는 점을 지적하고 있다.

6. 뚜껑을 연 탄산음료의 김이 빠지는 이유

방금 사서 뚜껑을 연 탄산음료는 시원하고 톡 쏘는 맛이 강하다. 그러나 한 번 뚜껑을 열었던 탄산음료를 냉장고에 보관해 두었다가 며칠 뒤 다시 마셨을 때, 톡 쏘는 맛은 처음처럼 강하지 못하다. 시간이 지나면서 음료에 녹아 있는 이산화탄소가 조금씩 빠져나감에 따라 남아 있는 탄산의 양도 감소하게 되기 때문이다.

탄산음료는 이산화탄소를 물에 녹인 음료다. 사이다나 콜라와 같은 탄산음료는 설탕 등 여러 가지 식품 첨가물을 사용하여 맛을 낸 용액에 이산화탄소를 인공적으로 용해시켜 만든 것이다. 이산화탄소가 물에 녹았을 때 생성되는 것이 바로 '탄산'이다. 뚜껑을 한 번 열었던 음료는 아무리 뚜껑을 세게 닫고 냉장고에 보관해도 시간이 지나면 김이 빠지지만, 새 음료는 공장에서 만들어진 지 한참이 지난 후에 뚜껑을 열어도 톡 쏘는 맛이 강렬하다. 이 차이는 바로 탄산음료가 만들어지는 공정 덕분이다.

이산화탄소를 용해할 때는, 지구의 대기압인 1기압보다 더 높은 3~4기압의 압력을 가한다. 기체의 용해도는 온도뿐만 아니라 압력의 영향을 받기 때문이다. 고체와 액체의 경우는 온도가 높을수록 용해도가 높아지고, 압력의 영향은 거의 받지 않는다. 그러나 기체의 경우에는 고체와는 반대로 온도가 낮을수록 용해도가 증가하고, 압력이 높을수록 용해도도 높아진다. 온도가 낮을수록 용해도가 증가하는 것은, 온도가 낮을수록 기체 분자의 운동이 덜 활발해져 액체 분자의 운동과 비슷해지고 그에 따라 액체 분자와 잘 섞이기 때문이다. 또한, 압력이 높을수록 기체 분자가 용액 밖으로 탈출하는 것을 막을 수 있기 때문에, 압력이 높을수록 기체의 용해도는 증가하게 된다.

그렇기 때문에 탄산음료 제조 과정에서 압력을 3~4기압으로 높이면 이산화탄소를 보다 많이 용해시킬 수 있다. 그리고 음료수병 안의 압력을 이렇게 높게 유지한 채로 뚜껑을 밀폐하여 제조한다. 그런데 밀폐된 탄산음료의 뚜껑을 여는 순간, 높은 압력을 형성하고 있던 병 속의 기체가 기압 차이에 따라 빠져나오게 되고, 병 속의 압력은 대기압과 같은 1기압으로 낮아진다. 압력이 낮아졌기 때문에 기체의 용해도는 낮아지게 되고, 탄산음료에 녹아있던 이산화탄소는 밖으로 빠져나오기 시작한다. 음료수병의 뚜껑을 열었을 때 피식 소리와 함께 거품이 형성되는 것은 바로 이 때문이다. 그리고 뚜껑을 연 음료수는 제조 당시보다 압력이 낮아졌기 때문에 낮아진 용해도만큼 이산화탄소가 음료에서 병 속의 빈 곳으로 빠져나오게 되고, 뚜껑을 닫고 냉장고에 보관해도 김이 계속 빠지게 되는 것이다.

7. 탄산음료를 오래 보관하려면?

뚜껑을 연 음료 속의 이산화탄소가 빠져나가지 않게 하기 위해서는 기체의 용해도를 최대한 높일 수 있는 환경에서 보관해야 한다. 즉 낮은 온도, 높은 압력을 유지시키는 것이다.

뚜껑을 연 상태에서 병을 찌그러뜨린 후 다시 뚜껑을 닫아 보관하게 되면,

병 안의 공간이 적어져 이산화탄소가 빠져나올 공간도 적어지기 때문에 김이 빠지는 것을 조금은 막을 수 있다. 어차피 한 번 뚜껑을 열면 완벽한 밀폐는 불가능하기 때문에 병 밖으로 나오는 기체의 양은 비슷하다고 하면, 이산화탄소가 음료 밖으로 빠져나올 수 있는 공간 자체를 줄이는 것이 도움이 될 수 있다. 시중에서 판매되는 압축 마개를 이용할 수도 있다. 압축 마개는 고무 펌프를 이용해 공기를 넣어 병 속의 압력을 높여 줌으로써 기체의 용해도를 높일 수 있도록 해준다. 또한, 중요한 것은 탄산음료병을 '절대' 흔들지 않고 조심스럽게 보관하는 것이 김이 빠지는 것을 막는 데 도움이 된다.

8. 다같은 페트병이 아니야

[그림 6-2] 탄산음료와 일반 생수병

PET 소재로 만들어진 탄산음료병과 생수병을 비교해 보면, 탄산음료병은 생수병에 비해 병과 뚜껑의 재질이 더 단단하고, 생수는 병의 끝부분 까지 물이 가득 차 있는 데 비하여 탄산음료는 윗부분이 비워진 채 내용물이 담겨 있다.

탄산음료는 3~4기압의 높은 압력으로 보관되어 있으므로 압력차에 의해 병이 팽창하는 것을 방지하기 위해 병과 뚜껑의 재질이 생수병에 비해 더 단단하다. 또한, 흔들리거나 충격을 받았을 때 음료에 용해되어 있던 기체가 빠져나오는 것을 대비하여, 생수병과는 달리 탄산음료를 병에 끝까지 채우지 않고 공간을 남겨 두는 것이다. 공간이 너무 적다면, 마구 흔든 후 뚜껑을 열었을 때 탄산과 음료가 한꺼번에 빠져나오게 된다.

탄산수병(혹은 셀처병)은 1829년에 들뢰즈와 뒤틸레에 의해 개발되었다. 최초의 탄산수병은 속이 빈 나사형 장치로 병 속의 압력을 유지하는 동시에 밸브를 통해 내용물의 일부를 배출할 수 있게 설계돼 있었다. 근본적으로는 크게 변하지 않은 상태인 현대식 병은 1837년에 앙투안 페르피냐에 의해 특허를 받았으며 '베이스 사이포이드'라고 불렸다. 초기 디자인을 개량하여 머리 부분에는 스프링으로 닫히는 밸브가 달려 있었다. 음료는 압력을 가한 이산화탄소로 탄산화된다. 큰 압력을 가하면 많은 양의 가스가 액체 속에 용해되는데, 액체가 다시 대기압 상태에서 유리잔에 담기면 가스가 기포의 형태로 음료에서 나온다.

탄산수병은 처음에는 유리로 만들어졌으며 특수한 펌프를 사용하여 다시 채워졌다. 탄산수병을 채우기 위해서는 밸브를 눌러야 했기 때문에 과정이 더욱 복잡했다. 일반적으로 $1cm^2$당, 10~11kg의 압력이 가해진 병들이 폭발하는 경우도 빈번했다. 음료를 탄산화하는데 가스 캐니스터를 사용하기 시작하면서 탄산수병도 개량되었고, 이러한 개발 과정에서 몇 개의 특허가 출원되었다. 탄산수병은 1920년대와 1930년대까지 인기가 높아졌다. 그러나 1940년대에는 체코슬로바키아에 위치한 병 제조 공장이 제2차 세계대전에 의해 무너지면서 사실상 병 제조 산업은 붕괴했고 미국의 병 제조업체들은 전쟁 물자를 만드는 것으로 업종을 선회했다.

탄산수와 탄산음료의 역사, 탄산이 건강에 미치는 영향, 탄산을 용기에서 보존하는 방법 등에 대해 다뤄 보았다. 탄산수는 특유의 톡 쏘는 맛 덕분에 한때는 소화제로 사용되기도 했고, 그 톡 쏘는 고통을 좋아하는 사람들의 심리에 대한 연구가 진행되기도 했다. 탄산을 최적의 상태로 보존할 수 있는 용기를 개발하기 위한 각고의 노력이 있었다. 본 챕터를 통해 탄산수와 탄산 음료에 담긴 다양한 의미에 관심을 갖고, 나아가 음식을 둘러싼 다양한 환경에 대해서도 생각해 볼 수 있었으면 한다.

참고문헌

사이토 다카시, [세계사를 움직이는 다섯 가지 힘](뜨인돌, 2009).

요미우리 신문사 엮음, 이종주 옮김, [20세기의 드라마(전3권)](새로운 사람들, 1996).

최성욱, 〈앤디 워홀 '코카콜라 병' 390억에 판매〉, [뉴시스], 2010년 11월 10일.

빌 브라이슨(Bill Bryson), 정경옥 옮김,
[빌 브라이슨 발칙한 영어 산책: 엉뚱하고 발랄한 미국의 거의 모든 역사](살림, 2009).

로널드 케슬러(Ronald Kessler), 임홍빈 옮김, [벌거벗은 대통령 각하](문학사상사, 1997).

Evan Morris, [From Altoids to Zima: The Surprising Stories Behind 125 Brand Names]
(New York: Fireside Book, 2004).

마크 펜더그라스트(Mark Pendergrast), 고병국 · 세종연구원 옮김,
[코카콜라의 경영기법](세종대학교 출판부, 1995).

케네스 포메란츠(Kenneth Pomeranz) & 스티븐 토픽(Steven Topik), 박광식 옮김,
[설탕, 커피 그리고 폭력: 교역으로 읽는 세계사 산책](심산, 2003).

윌리엄 레이몽(William Reymond), 이희정 옮김,
[코카콜라 게이트: 세계를 상대로 한 콜라 제국의 도박과 음모](랜덤하우스, 2007).

제임스 B. 트위첼(James B. Twitchell), 김철호 옮김, [욕망, 광고, 소비의 문화사](청년사, 2001).

존 A. 워커(John A. Walker), 정진국 옮김, [대중매체시대의 예술](열화당, 1983/1987).

[네이버 지식백과] 코카콜라는 어떻게 '미국의 상징'이 되었는가? - 코카콜라의 탄생과 성장 (주제가 있는 미국사)

존 그리빈. "전기 실험 : 프리스틀리." 사람이 알아야 할 모든 것 - 과학, 2010.

Chapter

07

차

07

CHAPTER

차

 차는 세계 40여 개 국가에서 연간 267만 톤 정도 생산되는 세계인의 음료
다. 차의 최대 생산국은 인도로 연간 81만 톤을 생산하고 있고, 이어서 중
국·스리랑카·케냐 등이 주요 생산국이다. 19세기 이전까지는 중국이 독보
적인 차의 최대 생산국이었고, 19세기 후반부터 인도와 스리랑카, 케냐 등이
주요 생산국이 되었다. 이러한 변화에 따라 홍차의 생산량의 비중이 커졌고,
현재 전체 생산량의 75% 정도가 홍차이다.

 차에 대해 기록한 가장 오래된 기록은 전한(前漢)의 선제 때 왕포라는 선비
가 만든 노예 매매 계약서인 「동약」이라는 문서이다. 기원전 59년에 작성된
이 계약서는 양혜라는 과부가 거느리던 종인 편료가 해야 할 일이 적혀있는
데, 무양(武陽)에 가서 차를 사오는 일과 손님이 오면 차를 달여서 대접하는
일도 기술되어 있다. 이로써 차 마시는 풍습이 전한 시대에 있었음을 유추할
수 있다.

 중국의 차를 마시는 문화는 당나라 시대를 거치면서 크게 성행하기 시작했
고, 이 무렵 우리나라와 일본에도 차나무가 전래되었다. 일본의 경우 12세기
무렵, 유학생 에이사이(榮西)가 중국에서 많은 양의 차 씨앗을 들여와 차나
무 재배가 본격화되었다.

 당나라 때부터 중국의 차는 주변 국가로 전파되었고, 16세기에 이르러서

유럽으로도 전파되었다. 유럽인들에게 처음 차를 소개한 사람은 베네치아의 저술가 라무시오다. 그가 살아생전에 집필한 세 권의 책 『항해와 여행』(1559)에는 "중국에서는 나라 안 도처에서 차를 마신다. 열병, 두통, 관절의 통증에 효과가 있다. 통풍은 차로 치료할 수 있는 병 가운데 하나다. 과식했을 때에도 차를 달인 물을 마시면 소화가 된다."라고 기록되어 있다.

이어서 네덜란드의 연구가 린호스틴은 『포르투갈인의 동방 항해기』(1595)에서 일본의 차 문화를 언급했다. 일본인들은 식사 후에 '어떤 특이한 음료'를 마시는데, "이것은 작은 항아리에 담긴 뜨거운 물로 여름이건 겨울이건 참을 수 없을 정도로 뜨겁게 해서 마신다."라고 기록되어 있다. 또한, 일본인들은 이것을 '차'라고 부르며 유럽인들이 보석을 다루는 것처럼 일본인들은 차를 매우 귀하게 여긴다고도 설명했다.

이렇게 서서히 전파되기 시작한 차는 네덜란드와 영국이 해상을 제패하면서 본격적으로 유럽에 전파되었다. 네덜란드와 영국의 동인도회사는 동양의 차를 유럽 각국에 운반하였으며, 동남아시아 지역의 차 재배를 시작했다. 영국에서는 1680년대 말부터 차를 마시기 시작했다. 네덜란드 상인들은 중국 중국 푸젠(Fujian)성에서 차를 수입해왔는데, '티(Tea)'라는 발음은 푸젠 지역에서 차를 부르는 방언에서 유래했다. 초창기 유럽인들은 녹차를 즐겨마셨고, 1700년대 이후부터 홍차가 유통되기 시작했다. 당시 홍차는 영국에서 '보히(Bohea)차'라는 이름으로 불렸고, 중국인들이 소나무를 태워 녹차를 건조시키던 과정에서 덜 건조된 소나무를 태우다 녹차에 연기가 밴 것을 모르고 수출한 것이 오늘날 홍차의 기원이 되었다고 한다.

1. 차는 언제부터?

한국인들이 언제부터 차를 마시기 시작했는지는 의견이 분분하다. 가장 오래된 기원은, 삼한 시대에 '백산차'라고 불리는 차가 있었다고 한다. 또한,

수로왕의 부인 허황후에 의해 인도로부터 차가 전래되었다는 설도 있다. 『삼국유사』의 기록에 따르면, 김해의 백월산에는 수로왕비 허씨가 인도로부터 들여온 '죽로차'가 있었다고 한다. 수로왕의 무덤에 제사를 올릴 때 차를 올렸다는 기록도 있다. 또 『삼국사기』에 신라 흥덕왕의 기록에는 대렴이 사신으로 중국에 갔다가 돌아오는 길에 차종을 가지고 옴에 왕이 그것을 지리산에 심게 했다고 한다.

2. 차의 제조 과정

❶ 찻잎 채취(Pluking)

찻잎 채취는 차를 제조하는 첫번째 단계로, 사람이 직접 따거나 기계를 이용한다. 현재에도 최상급 품질의 고급차를 제조할 때는 찻잎을 일일이 사람의 손으로 따는 것이 보통이다. 찻잎을 채취할 때는 찻잎의 크기를 일정하게 유지하는 것이 중요한데, 크기가 일정해야 수분 함량이 같아지고, 동일한 맛과 향을 유지하는 상품성 높은 차가 될 수 있기 때문이다. 찻잎의 화학적 성분들은 햇빛을 받으면 분해가 되어, 찻잎을 따는 시기에 따라 차의 맛이나 향, 색이 달라지기 때문에 찻잎의 채취 시기에 따라 차를 분류하기도 한다. 채엽의 시기는 차의 재배 지역마다 기후와 고도가 다르기 때문에 일정하지 않다.

❷ 위조(Withering)

위조는 말리고 시들게 한다는 의미로, 6~18시간 동안 찻잎을 1차로 건조시키는 과정이다. 수제 홍차를 만들 때에는 그늘에서 대략 18~20시간 정도 시들게 한다. 햇볕에서 1차적으로 자연 위조를 한 뒤에, 실내에서 한 번 더 위조 과정을 거치면 더 좋은 품질의 차를 제조할 수 있다. 전체 수분의 80%를 제거하거나, 65~55%를 제거하는데, 건조된 찻잎은 유연하고 탄력있게 만들어져 부서지지 않는다. 이렇게 수분이 감소되면 찻잎 속에 들어 있는 세포의 액이 농축되고, 단백질, 당류, 전분, 펙틴(Pectin, 다당류의 일종) 등에 변화가 일어난다. 단백질이 아미노산으로 분해되어, 차의 감칠맛이 형성되고, 건조 과정을 통해 찻잎의 향이 풍성해진다. 또한, 당류는 증가하고 전분은 소량 감소하고, 펙틴이 증가하여 찻잎이 부드러워진다.

❸ 유념(Rolling)

유념은 손으로 주무르고 비빈다는 의미로, 위조가 끝난 시든 찻잎을 손으로 비벼 찻잎의 조직을 부스러뜨리는 과정이다. 이 과정에서 찻잎의 세포조직은 80% 이상 파괴된다. 또, 유념의 과정을 거치며 찻잎에서는 발효가 진행되어 생엽에는 없던 새롭고 다양한 향기 성분을 머금게 된다. 비린 향이 나는 생엽과 달리, 가공이 끝난 후의 찻잎에서는 달콤한 향을 포함한 다양한 향을 느낄 수 있다. 생엽에는 약 80여 종의 향기 성분이 있으나, 가공을 마친 홍차에서는 약 400여 종의 무려 다섯배 정도가 증가한 향기 성분이 검출된다.

❹ 산화와 발효(Oxidation and Fermentation)

산화와 발효 과정은 홍차 등 발효차의 제조에만 필요한 과정이다. 유념을 끝낸 상태의 찻잎을 트레이에 펼쳐 두면, 유념 과정에서 발생한 차즙이 산소와 결합하여 산화효소가 발생한다. 찻잎의 색깔은 갈색으로 변하며, 홍차의 독특한 맛과 색이 형성된다. 폴리페놀 산화제가 차의 폴리페놀과 반응하여, 카테킨이 테아브로빈과 테아플라빈으로 변한다. 클로로필은 페도피틴으로 분해된다. 지방, 아미노산, 카로티오이드의 산화는 색과 향의 변화를 일으킨다.

❺ 건조와 열처리(Drying firing)

잎이 충분히 산화된 뒤에는 열처리를 통해 97% 이상의 수분을 건조시킨다. 이 때 수분의 양을 적절히 조절하는 것이 관건이며, 찻잎에 곰팡이가 생기지 않도록 수분함유율을 3% 이하로 건조시켜야 한다.

차례

차례의 어원 : 차례는 차를 올리는 의식

차례는 차를 올리는 의식으로 신이나 조상님께 차를 올리는 의식이었다. 신라 충담사의 경우 미륵부처님께 차를 올리는 공양을 했다. 차는 궁중음식으로도 각광을 받아, 고려 시대에는 국가에 행사가 있을 때마다 신하가 임금님께 차를 따라 올리는 '진다의식'이 있었다. 연등회, 팔관회 등에서 진다의식이 행해졌 고, 사신이 왔을 때, 왕자의 책봉이나 공주를 시집 보낼 때 등의 의식에도 차례 가 행해졌다.

3. 다양한 차의 종류

차는 일반적으로 가공 방법에 따라 녹차, 백차, 황차, 청차, 홍차, 흑차의 6가지로 분류한다. 한 가지 찻잎이라도 가공 방법에 따라 차의 색, 향, 미에 차이가 나타난다. 각 차의 이름에서 알 수 있듯, 6개의 차 종류는 서로 다른 색깔을 나타나게 되는데 이는 발효 정도에 기인한 것이다.

차의 폴리페놀은 가공 과정 중 폴리페놀 산화효소(polyphenol oxidase)를 만나 다른 성분으로 변화한다. 이러한 과정을 산화 혹은 발효라고 하는데, 산화 후 차의 색깔, 향기와 맛에는 많은 차이가 나타나게 된다. 가장 두드러 진 차이를 보이는 것은 차탕색으로 전혀 발효를 시키지 않은 녹차는 녹색, 20~70% 정도 발효를 시킨 청차는 오렌지빛을 띤 황색과 홍색, 완전히 발효한 홍차는 홍색을 띠게 된다.

4. 홍차의 블렌딩

홍차 제품에는 단일 산지의 찻잎만을 이용하여 만든 스트레이트 홍차

[그림 7-1] 홍차

(straight tea)도 있지만, 두 가지 이상의 찻잎을 배합하여 만든 블렌드 홍차(blended tea)도 있다. 또, 다른 산지의 찻잎 뿐만 아니라, 과일이나 꽃, 홍차가 아닌 다른 차(녹차, 청차, 보이차 등)나 허브 등을 배합하여 만들기도 한다. 이 외에 향을 첨가하여 만들기도 하는데, 이런 홍차는 향차라고 부른다. 예를 들어 애플티(apple tea)에는 두 가지 종류가 있는데, 하나는 말린 사과 조각을 직접 홍차와 배합한 블렌드 홍차고 다른 하나는 사과의 향기만을 취하여 홍차에 입힌 향차로서의 애플티다.

그렇다면 이런 홍차의 블렌딩은 어떻게 시작되었을까? 17세기 후반 영국에서는 차가 매우 값비싸게 거래되었다. 귀족들은 자물쇠까지 채운 차 전용 상자에 이를 보관했다가 손님이 오면 그 앞에서 상자를 개봉하여 차를 대접하는 등, 차는 부의 상징이었다. 이때 주인이 상자에서 꺼내는 차는 대개 두 가지 종류였는데 하나는 녹차, 다른 하나는 홍차였다. 둘 중의 하나를 대접하는 경우도 있었으나 두 가지를 섞어서 우려내어 내놓는 것이 당시 최고의 접대였다고 한다.

또한, 차를 거래하는 상인들은 값비싼 차에 이보다 저렴한 물질을 섞어서(blending) 팔고자 하는 유혹에 빠졌다. 순금에 구리나 은을 섞어 18k나 14k를 만들어내듯이 중국 홍차에 감초나 다른 약재들을 섞은 것이었다. 대표적인 향차의 일종인 얼그레이는, 이 당시 영국의 그레이 백작이 은(銀)보다 비싸게 거래되던 중국 푸젠성의 홍차인 정산소종을 모방하기 위해 지속한 연구의 결과물이다. 가격경쟁으로 인해 시작된 홍차 블렌딩은 점차 효용이 입증되면서 수백 가지의 블렌딩 기술을 낳았다. 블렌드 홍차는 스트레이트 홍차의 너무 강하거나 혹은 너무 약한 풍미를 중화시킬 수 있는 길을 열었고, 이는 특정 홍차 제품의 품질 균등화를 가능하게 했다. 게다가 블렌딩은 중산

층에 공급할 수 있는 중저가 제품의 생산도 가능하게 하여 홍차의 대중화의 길을 열었다.

점차 기술이 발달하고 블렌딩의 종류가 다양해지면서, 역설적으로 블렌드 홍차가 스트레이트 홍차보다 더 좋은 홍차라는 인식이 생겨나게 되었다. 홍차에 우유를 섞은 밀크티가 보급되고 다양한 고급 향차들이 등장하면서 점차 블렌딩 홍차가 트렌드로 자리잡았고, 오늘날에는 대부분의 홍차가 블렌드 제품이라고 해도 과언이 아니다. 또 유럽이나 일본 등 홍차를 많이 소비하는 나라의 대도시에는 개인적 취향을 고려하여 각종 차들을 혼합하거나 향을 첨가해주는 개인 맞춤형 홍차 블렌딩 전문 매장과 전문 기술자들도 있다.

5. 블렌딩 기술의 최강자, 토마스 립톤

립톤(Lipton)사의 창업자 토마스 립톤은 1850년 스코틀랜드에서 태어났다. 립톤의 부모님은 작은 식료품점을 운영했는데, 넉넉치 않은 형편에 그는 부모님을 도와 매장의 잔심부름을 하며 야간학교에서 학업을 이어갔다. 이후 10대 시절, 토마스 립톤은 벨파스트(Belfast)행 증기선에서 종업원으로 일하며, 선원들이 들려주는 미국 여행담에 매료되어 미국으로 떠났다. 미국에서는 농장 근로자부터 방문판매원 등 여러 직업을 전전하다 부모님의 식료품점 일을 돕기 위해 다시 스코틀랜드로 돌아갔다.

하지만 립톤은 미국의 대형마트에 비해 체계적인 시스템없이 운영되던 아버지의 사업방식이 마음에 들지 않았다. 결국 그는 21살의 나이에 자신의 이름을 딴 '토마스 J. 립톤 컴퍼니(Thomas J. Lipton Co.)'를 설립한 후 립톤 마켓(Lipton's Market)을 열었다. 그는 미국에서 배웠던 판매 방식과 사업 운영 등을 적용했고, 영국 전역에 립톤 마켓의 프랜차이즈 지점이 세워졌다. 1880년대 이후 유럽에서는 홍차의 수요가 꾸준히 증가하고 있었는데, 토마스 립톤은 이에 주목하여 '립톤'이라는 이름으로 홍차를 생산하여 그의 마켓에서 판매하게 되었다.

[그림 7-2] 립톤 캔

립톤은 최상위 품질의 홍차를 노란색 캔에 판매했는데, 이는 현재까지도 '립톤 옐로 라벨'이라고 불린다. 토마스 립톤이 홍차를 출시할 당시 영국의 홍차 시장에는 저렴한 인도산이 대거 유입됐고, 홍차는 일반인들이 즐겨 마시는 기호품으로 확대되고 있었다. 1890년대까지 영국의 홍차는 수입유통 절차가 복잡하여 이 업무를 대행하는 중개상이 활개를 치고 있었다. 홍차는 품질을 유지하기 위해 보관 및 저장이 중요한데, 이로인해 중간수수료가 홍차 가격의 상당 부분을 차지하게 되었다. 당시 홍차의 시중 가격은 원산지 가격의 두 배가량이 되었기 때문에 토마스 립톤은 중개인을 거치지 않고 직접 원료를 공수해 공급 단가를 낮추고자 했다.

토마스 립톤은 홍차 재배를 위해 당시 영국의 식민지였던 스리랑카의 실론섬으로 건너갔다. 본래 실론섬은 주요 커피 생산지였으나, 1865년대 섬 전체에 커피 나무에 전염병이 퍼져 커피 재배가 전멸한 상태였다. 1867년 실론섬의 커피 농장에서 일하던 영국인 제임스 테일러는 커피의 대체 작물인 인도산 차 묘목을 재배하는데 성공했고, 이후 실론 지역은 서서히 홍차 산지로 전환 되었다. 실론섬은 일교차가 심하고 비가 자주내려 고품질의 차를 생산하기에 매우 적합한 기후를 가지고 있었다. 이러한 사실을 접한 토마스 립톤은 폐허가 된 실론의 대규모 커피 농장을 싸게 사들였고 차 제조 공장을 설립하고 찻잎을 직접 건조시켰다.

당시 토마스 립톤은 인건비를 절감하기 위한 다양한 방법을 고안했다. 경사가 급한 농장의, 경사를 이용해 공장으로 운반할 수 있는 로프웨이(rope way)를 설치해 찻잎의 운반에 필요한 노동력을 절감했고, 최신식 기계를 이용하여 작업 능률을 높여서 다른 곳보다 위생적이며 품질 좋은 차를 더 저렴한 가격에 생산할 수 있었다. 이후 토마스 립톤은 해상운송 기술을 정비하여 찻잎을 직접 영국으로 운송했다. 이로써 립톤은 업계 최초로 '유통'뿐만 아니라 '재배'까지 직접 관여해 유통 경로를 통합함으로써 중개상들의 수수료를 뺀 가격으로 차를 판매할 수 있었다. 복잡한 유통 단계에서 발생하는 중간 마진이 없어지자, 차의 가격이 훨씬 저렴해졌고, 비로소 차의 대중화가 실현되었다.

　나아가, 립톤(Lipton) 사의 창업자 토마스 립톤은 블렌딩 기술이 다양화되고 발전하는데 지대한 공헌을 했다. 블렌딩 홍차의 시작은 균일한 맛을 내는 제품을 만들기 위해, 서로 다른 찻잎들을 배합하는 것이었다. 하지만, 토마스 립톤은 기존의 틀을 깨고, 각 지방마다 고유의 맛을 내는 차를 개발하고자 했다. 그는 런던, 스코틀랜드, 아일랜드 등의 지역마다 서로 다른 수질(水質)을 분석했고, 립톤의 블렌딩 기술을 통해 런던에서만 그 맛이 제대로 나는 홍차, 스코틀랜드에서만 맛볼 수 있는 홍차, 아일랜드에서만 그 향을 제대로 느낄 수 있는 차들이 탄생했다. 이는 각 지방마다 사람들에게 저마다의 고유한 홍차가 존재한다는 환상을 심어주기도 했다.

6. 생활에 간편함을 주는, 티백

　티백(Tea Bag)은 거친 목면이나 여과지, 나일론 체 등의 주머니에 찻잎을 넣은 형태를 말한다. 티백은 이전까지 찻잎을 뜨거운 물에 우린 후 따로 건져내야 하는 불편함을 해소시켜 주었다. 세계 최초로 티백을 개발한 사람은 영국의 발명가 A.V. 스미스(A.V. Smith)다. 그는 1896년 찻잎을 가제에 싼 형태인 '티볼(Tea ball)'을 발명했고, 그 해 영국 특허권을 취득했다. 1903년 미국 출신 발명가 로버타 C. 로손(Roberta C Lawson)과 매리 맥클라렌(Mary Mclaren)은 면 주머니에 차를 넣을 수 있게 접어 '찻잎 홀더(Tea Leaf

[그림 7-3] 티백

Holder)'라고 명명했고, 그 해 이 이름으로 미국 특허권을 취득했다. 립톤은 1910년 세계 최초로 프린트된 티백 태그(Teabag Tag)를 도입했다. 티백 태그는 티백에 끈으로 연결된 손잡이를 말하는데, 립톤은 이 종이 손잡이에 차를 우리는 방법과 브랜드 이름 등을 인쇄했다. 또한, 그는 1952년 긴 티백 종이를 반으로 접은 형태로 4면을 통해 차를 우릴 수 있는 '더블챔버 티백 (Double - Chamber Teabag)'을 발명해 특허를 받았다. 이는 2면의 티백 보다 빠르게 찻잎이 우러 나오고 더욱 풍부한 맛을 느낄 수 있다고 한다.

7. 항산화에는 카테킨

차에는 500가지가 넘는 화학 성분이 있다. 그중 카테킨은 차의 대표적인 폴리페놀이다. 카테킨은 다양한 효능을 나타내어 약이나 건강기능식품에 활발히 이용되고 있다. 그중 가장 두드러지는 것은 항산화 작용이다.

활성 산소는 불안정한 상태에 있는 산소로, 호흡 과정에서 몸속으로 들어간 산소가 산화 과정에 이용되면서 여러 대사 과정에서 생성되어 생체 조직을 공격하고 세포를 손상시키는 산화력이 강한 산소를 말한다. 과잉 생산된 활성 산소는 사람 몸속에서 산화 작용을 일으켜 세포막, DNA 등 세포 구조를 손상하고 손상의 범위에 따라 세포가 기능을 잃거나 변질된다. 활성 산소는 세포 산화의 주범으로 암, 심장병, 뇌졸중, 심근경색, 알레르기와 같은 질병을 일으키는 원인의 하나다. 이와 같은 활성 산소를 없애는 작용을 항산화라 한다. 카테킨은 항산화 기능이 매우 강한 물질로, 대표적인 항산화제인 비타민 E의 200배, 비타민 C의 100배에 달한다. 그뿐만 아니라 차에 함유된 유기산이나 비타민 C가 카테킨과 함께 상승효과를 나타내어 보다 뛰어난 항산화력을 가지게 된다.

카테킨이 주목받는 또 한 가지는 다이어트 효과 때문이다. 카테킨은 혈중 포도당, 지방산, 콜레스테롤의 농도를 감소시키며, 지방 합성을 억제하고 지방 분해를 촉진한다. 특히 우롱차는 지방 분해, 지방 연소와 변비 개선에 효과가 좋다고 한다. 미국에서는 카테킨을 다이어트 약으로 사용하고 있기도 하고, 현재 우리나라에서는 카테킨 추출물을 체중 조절용 식품으로 판매하고 있다.

8. 편안함을 주는 테아닌

테아닌은 녹차에 단맛과 감칠맛을 부여하는 아미노산 성분으로, 다른 식물에서는 거의 나타나지 않는 차 특유의 물질이다. 테아닌은 녹차의 뿌리에서 글루타민(L-glutamine)과 에틸아민(Ethylamine)을 이용하여 효소매체로 생합성되어 잎에 저장되는데 햇빛을 받으면 화학적으로 분해되어 카테킨(cathechin) 전구체로 전환된다.

흔히 차를 마시면 긴장이 완화되고 침착해진다고 하는데, 이는 차의 테아닌 성분 때문이다. 테아닌은 뇌신경 전달 물질의 분비를 조절하고 신경계를 안정시켜 긴장을 이완시키는 역할을 한다. 이러한 역할 덕분에 테아닌은 천연 진정제라고도 불린다. 신경계가 안정되면 집중력이 높아지고, 스트레스가 해소되며 우울증, 불면증과 같은 정신질환에 도움을 줄 수 있기 때문에 현재 테아닌은 신경안정제나 우울증 치료제, 치매 예방제, 수면 보조제 등에 활용되고 있으며, 천연 건강보조물질로써 최근 많은 과학자들의 주목을 받으며 활발히 연구되고 있다.

왜 어린잎을 딴 차가 더 달까?

테아닌은 햇빛을 받으면 화학적으로 분해되어 카테킨의 전구체로 전환된다. 테아닌은 녹차에 들어 있는 아미노산 중 가장 함량이 높은 성분으로 감칠맛과 단맛을 제공한다. 반면, 카테킨은 주로 떫고 쓴맛을 제공한다. 햇빛을 받으면 테아닌이 카테킨의 전구체로 전환되기 때문에 찻잎의 아미노산류 함량은 찻잎의 채엽 시기에 의해 변한다. 우리나라에서는 연간 3~4회 정도 채엽 시기가 있는데, 이른 봄에 채엽한 어린잎일수록 감칠맛과 단맛 덕분에 더 우수한 품질의 차로 인정받는다.

차이티

인도에도 차이(chai)라고 불리는 독특한 밀크티가 있다. 차이티는 우유와 함께 시나몬, 카르다몸, 정향 등의 향신료를 넣고 끓이는 것이 특징이다. 향신료를 섞은 음료를 인도에서는 마살라(masala)라고 하며,

[그림 7-4] 차이티

그래서 인도인들은 차이, 혹은 마살라 차이라고 부른다. 마살라 차이에 감미료를 넣으면 인도만의 밀크티가 완성된다. 마살라 차이는 향신료에서 우러나온 자극적이고 강한 향과 달콤한 맛이 특징이며, 감기에 효과가 있다고 알려져 있다.

9. 차의 여러 가지 색소 성분

잎을 우려낸 차는 다양한 색을 갖는다. 본래 찻잎에 들어 있는 색소 성분과

제다 과정에서 형성되는 색소 성분이 있다. 차의 생엽에는 엽록소, 카로티노이드, 플라보노이드, 안토시아니딘 등의 색소 성분이 함유되어 있다. 엽록소와 카로티노이드는 지용성 색소이고, 플라보노이드와 안토시아니딘은 수용성 색소이다. 엽록소는 찻잎이 푸르게 보이도록 만들어 주는 색으로, 어린잎보다는 늙은 잎에 더 많이 함유되어 있다. 엽록소는 생엽의 색깔과 완성된 차의 색, 그리고 차를 우리고 난 뒤에 남는 엽저의 색에 영향을 미치지만, 지용성이기 때문에 물에 우러나온 차의 탕색에는 직접적인 영향을 미치지 않는다.

찻잎에 포함된 또 다른 지용성 색소 성분은 카로티노이드(carotinoid)다. 카로티노이드 계통의 화합물은 노랑, 주황 등의 색을 띤다. 찻잎에서는 지금까지 모두 17종의 카로티노이드 화합물이 발견되었는데 카로틴(carotene)과 잔토필(xanthophyll)이 대표적이다. 찻잎의 카로틴 가운데 주성분은 베타카로틴이며 전체 카로틴의 약 80%를 차지하는데, 이는 체내에 흡수되면 비타민 A로 변화되어 생리 작용을 돕기 때문에 프로비타민 A라고도 불린다.

플라보노이드와 안토시아니딘은 찻잎에 들어 있는 천연 색소 성분이자 물에 녹는 수용성 색소다. 따라서 물에 우린 차의 색깔에도 직접적인 영향을 미치게 된다. 플라보노이드(flavonoid)는 노란 계통의 색소 성분이며, 녹차의 탕색을 좌우한다. 또 다른 수용성 색소 성분인 안토시아니딘(anthocyanidin)은 찻잎을 보랏빛으로 보이게 하는 색소이다. 안토시아니딘은 맛에도 영향을 미쳐 이 성분이 많으면 쓴맛이 강해진다. 안토시아니딘이 많이 함유된 찻잎으로 차를 만들면 그 차의 색이 어두워지며 쓴맛도 많이 난다.

10. 왜 우리나라의 차 품종은 다 작을까?

우리나라의 대표적인 차 재배 지역인 제주, 보성, 하동의 차나무는 철쭉과 같은 관목형에 찻잎이 매우 작은 소엽종이다. 이와는 반대로 중국의 운남,

사천, 인도 등 열대 지역의 차나무는 훨씬 크다. 교목형인 차나무 중 큰 것은 소나무 정도의 크기이고, 다 자란 대엽종은 잎이 손바닥만한 것도 있다.

이렇게 차나무의 크기가 다른 것은 기후 때문이다. 모든 동식물이 추위를 견디기 위해 본능적으로 움츠러드는 것처럼, 차나무 역시 낮은 기온에서 작게 성장한 것이다. 생태학적으로 열대 지방에서 자란 교목형 차나무가 온대 지방으로 이식되면 낮은 일조량 때문에 움츠러든다. 이러한 상태가 오래 지속되면 나무가 점차 왜소해져 철쭉과 같은 관목형으로 변한다. 마찬가지로 잎의 크기도 대엽에서 소엽으로 작아진다.

그뿐만 아니라 성분의 차이도 발생한다. 찻잎의 화학 성분에 영향을 미치는 주요한 원인은 기후다. 일반적으로 연평균 기온이 높고, 일조량이 많으면 광합성 작용이 활발하게 일어나기 때문에 열대 기후에서 자란 차나무는 탄수화물과 폴리페놀 등의 물질을 합성하는 데 유리하다. 폴리페놀을 많이 함유하고 있기 때문에 홍차를 만드는 데 적합하다. 그러나 연평균 기온이 비교적 낮은 지역의 차나무는 질소 화합물을 합성 및 축적하는 데 유리하며, 이 지역에서 자란 찻잎에는 아미노산, 카페인과 같은 질소 화합물이 상대적으로 높아진다. 따라서 녹차를 만드는데 더욱 적합하다. 이렇듯 같은 품종이라도 식물은 기후에 따라 형태가 변하고, 화학 성분의 함량에서도 상당한 차이를 보이게 된다.

녹차나 홍차 이외에도 메밀차, 둥굴레차 등 우리 조상들은 잎을 물에 우려 차 형태로 많이 섭취해 왔다. 특히 다양한 효능을 가진 한방차는 꾸준히 마시면 건강 개선에도 도움을 줄 수 있어 각광받는다. 그중 오미자차는 새콤한 맛으로 기침을 줄이고 노화를 방지하는 목적으로 예로부터 널리 이용되어 왔다. 또, 당귀차는 냉증, 생리불순, 산후 회복 등 다양한 여성 건강 개선 효과로 각광받고 있다.

11. 오미자차와 당귀차

오미자(五味子)는 다섯 가지 맛이 난다고 해서 붙여진 이름이다. 껍질에는 신맛, 과육에는 단맛, 씨에는 맵고 쓴맛, 전체적으로 짠맛이 조화를 이룬다. 그중에서도 특히 신맛이 강한데, 말산(malic acid), 타르타르산(tartaric acid) 때문이다. 말산은 사과산이라고도 불리며, 말산과 타르타르산 모두 사과와 포도에 많이 들어 있는 산이다.

오미자는 목련과에 속하는 낙엽덩굴성 관목으로 태백산 일대에서 많이 자라며, 산골짜기 특히 너덜지대(전석지)에서 군총을 이루어 자란다. 오미자 종류에는 북오미자(오미자), 남오미자, 흑오미자 등이 있는데 남오미자는 남부 섬지방, 흑오미자는 제주도에서 자라며, 오미자의 재배는 한국을 비롯해 일본, 중국 등에서도 활발하다. 오미자의 꽃은 5~6월경에 피고, 붉은 열매는 8~9월이면 무르익는다.

각종 비타민과 무기질이 풍부한 오미자는 중국 한의학에서 필수적인 생약 50가지 중의 하나로, 늦여름에 익는 빨간 열매는 차로 만들어 널리 이용된다. 오미자는 식물성 에스트로젠인 리그난(lignan)류의 화합물이 함유하고 있는데, 리그난은 상해를 예방하고, 간의 재활을 촉진하며, 간암 발생을 억제시키는 등의 효과가 있는 것으로 알려져 있다. 또한, 오미자는 중추 억제 작용, 혈압 강하 작용 및 알코올 해독 작용 등 다양한 생리적 기능이 보고되어 왔다.

오미자차를 마시는 법은 다양하다. 보통은 건조시킨 오미자에 물을 붓고 약한 불에 달여 꿀이나 설탕을 타서 마신다. 차의 분량은 물 600$m\ell$에 오미자 10~15g을 넣고 약 불로 서서히 달이면 약 2~3잔을 낼 수 있고, 하루 용량은 2~3잔이 적량이다. 혹은 끓는 물에 오미자를 넣어 하룻밤을 둔 후, 물에 오미자가 우러났을 때 마시기도 한다. 또, 완전히 마른 오미자를 곱게 가루를 내어 열탕 1잔에 오미자 분말 2~3순갈씩 타서 마시는 방법도 있다.

오래전 중국에서는 부인들이 싸움터에 나가는 남편을 염려하며 품속에 당귀를 넣어 줬다는 풍습이 있었는데, 전쟁터에서 기력이 다했을 때 당귀를 먹으면 다시 기운이 회복되어 돌아올 수 있다고 믿었기 때문이다. 이러한 유래에서 당귀(當歸)는 마땅히 돌아오기를 바란다는 뜻을 담아 붙여진 이름이다. 또, 일각에는 '이 약을 먹으면 기혈이 다시 제자리로 돌아온다'고 해서 지어진 이름이라고도 한다.

당귀의 효능은 피가 부족할 때 피를 생성해 주는 보혈 작용(補血作用)이 주를 이룬다. 특히, 중국 당귀나 왜당귀의 뿌리로 만든 당귀는 보혈 작용이 뛰어나다. 참당귀는 피를 원활히 순환하게 해주는 활혈 작용(活血作用)이 더 뛰어나며, 항암 효과 및 혈압 강하 작용이 강하다. 약리학적으로 당귀는 관상동맥의 혈류량을 촉진시키고, 적혈구 생성을 왕성하게 한다.

당귀차는 한방에서 약차로 활용되는데, 여성의 냉증이나 혈색 불량, 산전산후의 회복, 월경불순, 자궁 발육 부진 등에 좋은 효과를 갖는다. 또한, 봄철의 어린 순은 나물로 식용하기도 하며, 당귀를 삶은 물은 예로부터 여성의 피부를 희게 하는 약재로 유명하다. 당귀차를 만들기 위해서는 먼저 2년생 뿌리를 11~12월에 캐고, 3월까지 통풍이 잘되는 그늘에서 말려야 한다. 이후 말린 당귀를 사용할 때는 50℃ 정도의 물에 10분가량 담가 흙을 깨끗이 씻어내고, 다시 한번 그늘에 말린다. 완전히 마르면 습기가 없는 통에 넣어 보관하여 사용한다. 차의 분량은 당귀 10g에 물 300~500ml 의 비율로 끓이는데, 먼저 당귀를 물에 씻어 물기를 뺀 후 다관에 담고 물을 부어 끓인다. 끓기 시작하면 불을 약하게 줄이고 은근히 오랫동안 달인다. 이때 생강을 첨가하여 달이면 더욱 좋다. 이후 건더기는 체로 걸러 내고 국물만 따라 내어 꿀이나 설탕을 타서 마신다.

차의 기원과 역사, 제조 과정, 다양한 차의 종류, 차의 다양한 기능성 물질, 색소 성분 등에 대해 다뤄 보았다. 찻잎에는 다양한 기능성 물질들이 있어, 이러한 물질이 주는 효능에 대한 연구가 매우 많다. 또, 이들은 찻잎을 가공하고 차를 제조 과정에서 화학적 구조가 변화하는데, 이는 차의 향과 색, 맛 등에 변화를 일으켜 다양성을 부여해 준다. 본 책을 통해 차에 담긴 다양한 과학적 의미에 관심을 갖고, 나아가 음식의 이면에 호기심을 가질 수 있는 계기가 되길 바란다.

참고문헌

립톤 공식 홈페이지(www.lipton.co.kr / www.liptontea.com / www.lipton.com.au)

유니레버 공식 홈페이지(www.unilever.com / www.unilever.be)

립톤 공식 페이스북 페이지(www.Facebook.com/lipton)

립톤 공식 트위터 페이지(https://twitter.com/lipton)

스펙테이터 아카이브(http://archive.spectator.co.uk)

트로브(http://trove.nla.gov.au/newspaper)

티코노믹스(http://teaconomics.teatra.de)

Barns, Lawrence, 『Lipton Goes on the Offensive," Business Week』, 1983년 9월 5일

Kelley, Kristine Portnoy, 『Lipton's Cup of Tea," Beverage Industry』, 1993년 6월호

Thedrum, 『Don't knock it until you've tried it' says Britvic with pound 1m Liption Ice Tea campaign』, 2011년 5월 27일

Pitch on Net, 『CASE STUDY: Lipton Ice Tea』, 2013년 11월 18일

AdvertisionAge, 『How PepsiCo Dreams Up New Products in China - And Outsmarts the Copycats』, 2013년 12월 9일

Businessday, 『Unilever introduces Lipton variants into Nigerian tea market』, 2013년 11월 19일

원재원, 『19세기 영국 차 산업의 전개에 관한 연구』, 2011년 2월

『홍차 이야기』, 2002년, 박광순 지음, 다지리

『역사 한잔 하실까요?』, 2006년, 톰 스탠디지 지음, 차재호 옮김, 세종서적

『The Art of the Steal』, 2002년, Frank W. Abagnale 지음, Blackstone Audiobooks

『The history of Foreign Investment in the United States 1914-1945』, 2004년, Mira Wilkins 지음, Harvard University Press

『Renewing Unilever: Transformation and Tradition』, 2006년, Geoffrey Jones 지음, 출판사: Oxford Univ Pr.

위키백과 립톤(http://en.wikipedia.org/wiki/Lipton)

위키백과 토마스 립톤(http://en.wikipedia.org/wiki/Thomas_Lipton)

[네이버 지식백과] 립톤 [Lipton] (세계 브랜드 백과, 인터브랜드)

식품과학기술대사전. 한국식품과학회 광일문화사. 2008. 4. 10.

우리 생활 속의 나무. 정헌관. 2008. 3. 25.

오미자차의 건강기능 효과. 차생활문화대전. 홍익재. 2012. 7. 10.

당귀차. 두산백과

한국민족문화대백과 http://encykorea.aks.ac.kr/

Chapter

08

커피

08

CHAPTER

커피

1. 커피는 언제부터?

커피를 처음 먹기 시작한 것은 서기 575년부터 850년 사이로 추정된다. 커피 나무는 동아프리카 에티오피아의 카파주에서 처음 발견되었는데, 당시 유목민들은 커피를 '번'이라고 불렀으며, 다양한 용도로 활용하여 섭취했다고 한다. 또한, 분쇄된 원두를 동물의 기름과 섞어 공 모양으로 빚어 행군이나 전쟁 중에 체력을 보강하기 위한 목적으로 복용하기도 했다고 전해진다.

또 하나의 커피의 기원에 대한 설은, 서기 1000년경 에티오피아의 한 염소 목동이 빨간 열매를 먹은 염소들이 활발해진 것을 발견하면서 시작된다. 에티오피아인들은 빨간 열매를 먹은 후 정신이 맑아지고 에너지가 넘치는 걸 느꼈고, 이 열매에 '천국에서 온 베리들'이라고 이름을 붙였다. 염소 목동은 수도원장에게 커피 열매를 소개했으나 수도원장은 화롯불에 태워버렸는데, 불에 버려진 베리들이 구워지면서 커피 향이 수도원에 확산되었고 카페인에 의해 사람들이 좋은 효과를 봤다고 한다. 이후 한 수도자가 피로를 회복하기 위해 화롯불에 구운 커피콩을 건져내어 물이랑 섞어 마시면서 커피음료가 탄생하게 되었다고 한다.

[그림 8-1] 커피

9세기 무렵 커피는 아라비아반도로 전해져 재배되기 시작했다. 이후에는 이집트·시리아·터키 등 근처 국가로도 전파되었는데, 터키 지방 사람들은 커피 열매의 즙을 발효시켜 '카와(Kawa)'라는 알코올 음료를 만들어 마시기도 했다. 아라비아 지역에서 커피는 이슬람 세력의 강력한 제재를 받았고, 커피의 재배 지역을 아라비아반도로만 한정해 다른 지역으로 종자가 유출되는 것을 막았다.

그러다, 커피 재배 지역이 확산되게 된 계기는 12세기 발발한 십자군 전쟁이다. 초기에는 이슬람권에서 온 커피를 '이교도적 음료'로 배척했으나, 커피 맛을 본 교황은 그 맛에 반해 '그리스도교 음료'로 공인했다.

15세기 이후 커피에 대한 수요가 증가하자, 아라비아 상인들은 커피의 수출 항구를 모카(Mocha)로 한정해 수출을 독점하고자 했다. 그러나 17세기 말 이슬람 세력이 약해진 틈을 타, 네덜란드는 커피나무 묘목을 밀반출했고 유럽 전역에 전파시켰다. 영국·프랑스·독일 등 유럽 제국주의 강대국들이 아시아 국가들을 식민지로 만들어 커피를 대량 재배하면서 커피가 중앙 아메리카, 아프리카, 서인도제도 등의 전 세계로 확산되었으며 점차 대중화 되었다.

2. 커피나무의 재배

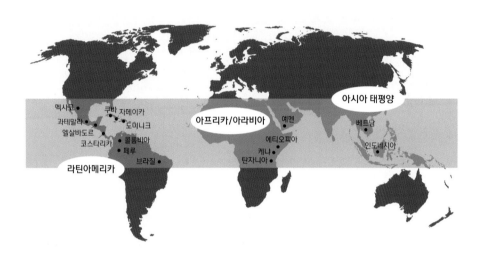

[그림 8-2] 커피 벨트(coffee belt)

세계적으로 커피가 생산되는 곳은 남위 25°부터 북위 25° 사이의 열대, 아열대 지역으로 커피 벨트(Coffee Belt) 또는 커피 존(Coffee Zone)이라고 한다. 브라질·콜롬비아·멕시코·과테말라·자메이카·니카라과·탄자니아·케냐·에티오피아·예멘·인도네시아 등이 커피 벨트에 속한다. 이 지역들은 대체로 연평균 강우량이 1,500mm 이상인 열대와 아열대 지역이며, 해발 1,000~3,000m의 고산 지대에, 연평균 기온이 20~25도이다. 국가마다 서로 상이한 커피나무 및 생두의 특징을 가지며, 그에 따라 로스팅 과정을 거친 커피의 맛과 향이 다르다.

커피나무는 심은 후 약 2년이 지나면 흰 꽃이 피고, 약 3년 후에는 빨간색

또는 노란색의 열매를 맺는다. 커피 열매에서 외피, 과육, 내과피, 은피를 벗겨 낸 씨앗을 생두(Green Bean)라고 한다. 생두는 여러 종이 있지만, 현재 상업적으로 재배하는 주요 품종은 아라비카(Arabica)와 로부스타(Robusta)로 전체 품종의 95%를 차지한다.

3. 아라비카와 로부스타

아라비카나무(Coffea Arabica)는 약 5~6m 높이까지 자란다. 평균 기온 15~24도인 고지대에서 주로 재배된다. 기후나 토양, 병충해에 민감하여 재배에 어려움이 있으나, 풍미가 좋고 1.4% 정도의 낮은 카페인을 함유하고 있어 전 세계 생산량의 약 60%를 차지하고 있다. 원산지는 에피오피아이며, 콜롬비아 · 탄자니아 · 브라질 등 중남미 국가에서 재배된다. 브라질은 세계 최대 아라비카 생산국이다.

로부스타(Coffea Canephora, Robusta)는 약 8~10m까지 자라며, 평균 기온 18~36도의 700m 이하의 저지대에서 주로 재배된다. 기생충과 질병에 대한 저항력이 강해 재배하기 쉬운 경제적 이점을 가지고 있으며, 전 세계 커피 콩 산출량의 약 40% 정도를 차지하고 있다. 원산지는 콩고이며, 베트남 · 브라질 · 아프리카 · 인도네시아 등의 고온다습한 지역에서 주로 재배되는 편이다. 아라비카종에 비해 향기가 약하고 쓴맛이 강하며 카페인 함량이 높은 편이나 생산량이 좋아 가격이 저렴한 편에 속한다. 이에 따라 커피 블랜딩이나 인스턴트커피의 주원료로 사용된다.

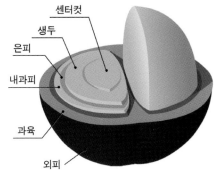

[그림 8-3] 커피의 생두와 그 단면

4. 커피의 제조 과정

❶ 생두의 수확 및 가공

생두(Green Bean)는 빨간 열매의 종자에서 외피를 벗겨 내면 과육이 나타나고 그속에 내과피와 은피를 벗겨 내면, 2개의 종자가 마주 보고 있다. 생두는 원두가 되기 직전 상태로 탈피, 정제 과정을 거쳐 원두가 된다. 생두는 씹거나 삼켜도 아무런맛이 느껴지지 않는다. 생두를 수확 후에는 있는 그대로 건조시켜 과육을 제거하거나, 물을 이용해 과육을 제거한 후 발효 및 건조시키는 방법을 통해 가공한다.

❷ 커피 커핑(Coffee Cupping)

원두의 로스팅의 강도를 결정하기 위해 우선적으로 향미 평가를 통해 생두를감별하여 분류하는데, 이를 커피 커핑(Coffee Cupping)이라고 한다. 생두 상태에서는 정확한 맛과 향을 알 수 없기 때문에 '샘플 로스팅(Sample Roasting)'이필요하다. 이 과정을 통해 로스팅을 진행하는 로스터(Roaster)는 커피 원 두를어떻게 로스팅하여 상품으로 출시할 것인지를 결정한다. 커핑을 할 때는 향기, 맛,음용 후 맛, 산미, 풍부함, 조화성, 균일성, 깨끗함, 단맛, 결점, 전체적인 느 낌의11가지 항목을 확인한다.

❸ 로스팅

로스팅(Roasting)이란 커피나무에서 수확한 열매를 가공한 생두(Green Bean)에 열을 가하여 볶는 것으로 커피 특유의 맛과 향을 생성하는 공정이다. 로스팅의 온도, 시간, 속도 등에 따라 맛과 향미가 달라진다. 일반적으로 로스팅 시간이 길어질수록 신맛이 줄어들고, 쓴맛이 진해지며, 로스팅이 과열된 경우에는 탄맛이 난다.

❹ 커피 블렌딩(Coffee Blending)

커피의 품종, 원산지, 로스팅 정도, 가공 방법 등이 다른 두 가지 이상의 커피를 혼합하여 새로운 맛과 향을 만들어 내는 것을 말한다. 경우에 따라 로스팅 전에 블렌딩을 하기도 하고, 로스팅 후에 블렌딩을 하기도 한다. 대표적인 블렌드 커피로는 인도네시아 커피와 예멘 커피를 혼합하여 각 커피의 장점을 최대한 살린 모카 자바(Mocha Java)가 있다. 블렌드 커피에 다양한 첨가물(생크림, 곡물, 술, 과일 등)을 추가한 것을 어레인지 커피(Arrange Coffee) 또는 베리에이션 커피(Variation Coffee)라고 한다.

❺ 커피 추출(Coffee Brewing)

로스팅된 원두를 추출 기구의 특성을 고려해, 분쇄하고 물을 이용해 용해시켜 뽑아내는 것을 말한다. 좋은 커피를 추출하기 위해서는 신선한 원두, 적정한 분쇄, 정확한 추출 시간 등이 충족되어야 한다. 커피의 향미와 가용성 성분을 최대로 추출하는 방법에는 크게 침출식 방법과 여과식 방법이 있다.

5. 피로가 싹, 번뜩이는 카페인

대부분 사람은 커피를 마신 후에 졸음이 깨고 약간의 긴장감을 느끼는데, 이는 커피의 대표적인 화학 물질인 카페인 때문이다. 특히 세포들이 에너지를 사용하면 그 부산물로 '아데노신'이란 물질이 체내에 축적되는데, 이는 우리가 피로를 느끼게 하는 주범이다. 카페인은 아데노신의 작용을 방해하기 때문에, 우리가 커피를 마시면 정신이 맑아지는 각성 효과를 느끼게 되는 것이다.

　카페인은 중추신경을 자극하는 일종의 흥분제로 이뇨 작용을 일으키며, 소량으로는 피로해소의 효력이 있으며 편두통에도 효과가 있다고 한다. 대체로 약 200ml의 커피 한 잔에는 약 50~150mg의 카페인이 포함되어 있다. 그러나 커피 원두의 생산지, 원두의 종류나 상태에 따라서 카페인의 함유량은 다르다. 예를 들어서 에티오피아에서 생산되는 아라비카(arabica) 생두는 브라질, 베트남 등에서 생산되는 로보스타(robusta) 생두보다 카페인 함량이 적다. 또한, 생두의 로스팅 방법, 커피를 내리는 방법에 따라서도 카페인의 함량은 달라진다.

6. 디카페인 커피는 어떻게 만들어질까?

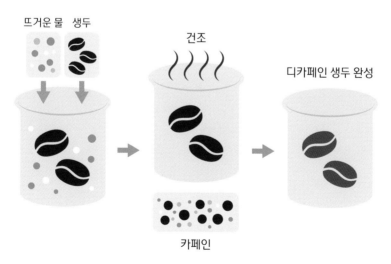

[그림 8-4] 디카페인 커피 제조 과정

디카페인 커피는 카페인 성분을 제거한 커피다. 디카페인 커피를 제조하기 위해서는 먼저 로스팅 과정을 거치지 않은 생두를 물에 담근다. 그렇게 되면 카페인을 포함한 수용성 화학 물질은 물에 녹아서 우러난다. 카페인은 상온에서 물 100 ml에 약 2.2g이 녹는다. 끓는 물에서는 약 30배 정도 많은 양의 카페인이 우러나온다.

따라서 뜨거운 물에서 생두를 우려내게 되면, 물에는 카페인을 포함한 많은 수용성 화학 물질이 녹아 있게 된다. 그 용액을 활성탄소(activated charcoal)를 채운 관을 통과시켜 카페인을 분리해 내면, 나머지 성분은 그대로 포함된 용액이 된다. 이런 과정을 거쳐 최종적으로 제조한 용액에는 카페인만 제거된 채 커피 향이나 맛을 결정 짓는 많은 화학 물질은 그대로 유지할 수 있다.

새로운 생두를 이 용액에 일정한 양을 담그면 카페인만 선택적으로 녹일 수 있다. 왜냐하면, 카페인을 제외한 나머지 화학 물질은 이미 용액에 포화된 상태로 용해되어 있기 때문이다. 이러한 과정을 거친 후에 생두를 건조시키고 로스팅한 것이 카페인 없는 원두이다. 추출된 카페인은 보통 청량음료 회사나 제약회사 등에 판매되어 청량음료, 혹은 두통약을 생산하는 데 사용된다.

초임계 기술

초임계 기술은 액체와 기체의 중간 상태를 이용하는 기술을 말한다. 물이나 이산화탄소를 넣고 높은 압력을 주면서 온도를 조절하다 보면 두 가지 상태를 모두 갖는 초임계 상태가 나타난다. 이때 물과 이산화탄소는 기체처럼 빠르게 확산되고, 액체처럼 다른 물질을 용해시키는 성질을 동시에 갖게 된다. 이런 특징 덕분에 물질에 나 있는 nm(나노미터) 단위의 작은 틈까지 파고 들어가 성분을 녹여 내는 능력이 탁월하다.

카페인을 추출하기 위해, 물 이외에 다른 용매를 사용할 수도 있는데, 최근에는 친건강 친환경 카페인 추출 용매로 이산화탄소가 주목받고 있다. 초임계 상태(supercritical state)의 이산화탄소를 용매로 카페인을 추출하면 생두에 남아 있던 이산화탄소는 로스팅 과정에서 혹은 실온에서 기체로 증발되어 사라진다. 이산화탄소는 다른 기체와는 달리 용매로 사용해도 독성이 거의 없고, 추출되는 화학 물질과 분해 반응도 쉽게 일어나지 않아 다양한 식품 산업에 사용되고 있다.

디카페인 커피의 국제 기준은 약 97% 이상 카페인이 추출된 커피이다. 그러므로 보통 디카페인 커피 한 잔에도 10mg 이하의 카페인이 포함되어 있다.

7. 차갑게 내려 마시는, 더치 커피

더치 커피는 그 이름으로 인해 많은 이들이 네덜란드에서 유래된 커피로 알고 있다. 동남아 지역에서 생산된 커피를 유럽으로 운반하던 네덜란드 선원들은, 장기간의 항해 동안 커피를 먹기 위해 여러 방법을 고민했는데, 그중 하나가 현재의 더치 커피로 발전했다는 것이다. 그러나 이 이야기가 기록된 문헌은 없다.

더치 커피의 특징은 긴 추출 시간이다. 3~4분 안에 추출되는 여과식 방식과는 달리, 상온의 물이 천천히 커피 가루를 적시면서 추출하기 때문에 짧게는 3~4시간, 길게는 12~24시간이 걸린다. 낮은 온도에서 오랫동안 추출되기 때문에 화려한 향기는

[그림 8-5] 더치커피 제조기

없어지지만, 기존 커피와는 다른 독특한 향미를 갖는다. 또 한 가지 특징은 더치 커피는 장기간 저장할 수 있다는 점이다. 높은 온도로 추출된 커피는 식으면서 본연의 향미가 반감된다. 하지만 더치 커피는 저온 추출로 이루어져 시간이 지나도 맛이나 향의 변화가 거의 없다.

콜드브루 커피

더치 커피는 독특한 향미와 장시간 보관할 수 있다는 점으로 인기를 끌었지만, 오랜 추출 시간으로 대량생산이 불가능했다. 그러나 몇 해 전부터 초임계 추출 방법을 이용하여 더치 커피의 상용화가 가능해졌다.

서울대학교 이윤우 교수는 커피 원두를 15μm(마이크로미터 : 1μm는 머리카락 굵기 정도의 길이) 정도의 미세한 크기로 갈아낸 뒤, 기존 더치 커피보다 1,000배 이상 빠른 속도로 커피를 추출했고, 이 기술을 활용하면 2시간 동안 콜드브루 약 4만 L(약 4만 잔)를 만들 수 있는 커피 농축 원액이 생산된다고 한다. 10억 분의 1m에 불과한 나노미터 단위의 좁은 틈까지 비집고 들어가 물질의 성분을 추출하는 '초임계 기술'을 적용한 것이다. 용매에 용질을 녹일 때, 더 잘게 부수면 잘 녹는 것과 비슷한 원리다. 이윤우 교수는 실험을 통해 콜드브루를 추출하기에 가장 적합한 온도 · 압력 · 시간 등을 찾아내는 데 성공했다고 한다.

8. 가장 비싼 커피, 코피 루왁

세계에서 가장 비싼 커피는 시빗(사향, Civet palm) 고양이의 배설물로 만든 코피 루왁(Kopi luwak)이라는 커피다. 서양에서 고양이가 배설한 커피 생두를 이용하기 시작한 것은 번거로움을 해소하기 위한 것이었다. 커피를 만들기 위해서는 커피 열매의 껍질을 벗겨야 했고, 이는 매우 시간이 오래 걸

렸다. 그런데 시빗 고양이가 완전히 자란 생두만을 먹고 나면 열매의 껍질과 내용물은 소화시키고 딱딱한 씨만 배설하게 된다. 이 배설된 생두를 이용해 커피를 만들어 보았더니 그 맛과 향이 좋았다고 한다. 커

[그림 8-6] 코피 루왁

피 전문가들은 코피 루왁의 향미는, 체내의 효소 분해 과정에서 여러 아미노산이 분해되면서 쓴맛이 첨가되어 커피에 독특한 향미를 더한 것으로 분석한다.

커피의 기원과 역사, 커피나무의 재배, 커피 품종의 종류, 커피의 기능성 물질, 커피의 추출 방법 등에 대해 다뤄 보았다. 졸음을 깨우고 각성시키는 카페인은 커피를 대표하는 물질인데, 카페인을 제거한 디카페인 커피가 제조되기도 한다. 과거에는 커피를 대량 생산하기 위해서는 높은 열을 가해 여과시키는 방식을 이용해야 했으나, 최근 들어 저온 추출로도 커피를 대량 생산할 수 있는 기술이 개발되어 콜드브루 커피가 큰 인기를 끌고 있다. 본 책이 커피에 담긴 다양한 과학적 의미에 관심을 가질 수 있는 계기가 되었으면 한다.

참고문헌

커피나무. 두산백과, (terms.naver.com/entry.nhn?docId=1149630&cid=40942&categoryId=32127.)

"가장 비싼 커피가 사향고양이 똥?" KISTI의 과학향기 칼럼, 2005.

강영희. "초임계유체추출법." 생명과학대사전, 도서출판 여초, 2008.

여인형. 디카페인 커피. 화학산책, 2012.

[저자 소개]

이준

• 2011-2015   연세대학교 식품영양학과(학사)

• 2016-2018   서울대학교 농생명공학부 바이오모듈레이션 전공(석사)

윤정한

• 1968-1972   이화여자대학교 식품영양학과(학사)

• 1977-1982   University of Minnesota, Nutrition(석사, 박사)

• 1985-1989   University of Nebraska Medical Center Instructor, Assistant Professor

• 1989-1994   Creighton University School of Medicine, Assistant Professor, Associate Professor

• 1994-2015   한림대학교 식품영양학과 부교수, 교수

• 2015-현재   한림대학교 식품영양학과 명예교수

이기원

• 1993-2004   서울대학교 농생명공학부 식품생명공학과(학사, 석사, 박사)

• 2004-2005   서울대학교 종합약학연구소 선임연구원

• 2005-2006   University of Minnesota, Hormel Institute, Post-Doc

• 2006-2011   건국대학교 특성화학부 생명공학과 조교수, 부교수

• 2011-현재   서울대학교 농생명공학부 식품생명공학 및 바이오모듈레이션 전공 조교수, 부교수

맛있는 음식에는 과학이 있다

2017년 12월 18일   1판   1쇄   인 쇄
2017년 12월 22일   1판   1쇄   발 행

지 은 이 : 이준 · 윤정한 · 이기원

펴 낸 이 : 박정태

펴 낸 곳 : **광 문 각**

10881
경기도 파주시 파주출판문화도시 광인사길 161
광문각 B/D 4층
등   록 : 1991. 5. 31 제12 - 484호
전   화(代) : 031-955-8787
팩   스 : 031-955-3730
E - mail : kwangmk7@hanmail.net
홈페이지 : www.kwangmoonkag.co.kr

ISBN : 978-89-7093-869-1   03570

값 : 12,000원

 한국과학기술출판협회회원